JN034351

都市と農の民俗
農の文化資源化をめぐって

安室　知 著

慶友社

◇ 目 次

Ⅱ部 都市と農村を結ぶ文化資源

Ⅲ部　農村における農の文化資源化

第1章　農の変貌と農村生活

まえがき

農とは

　"農"とは狭い意味での農業だけを指しているのではない。経済行為としての農業や趣味の園芸を含むところの、植物（ときに動物も）を育てる行為全般およびそれにより導かれる感性そのものである。したがって、農業にとって不可欠な要素となる経済性は、農にとっては一つの選択的要素にすぎない。言い換えれば、経済性は人が農を始めたり継承したりするときの必要条件とはならない。

　農は人が暮らしていれば、どこにでも存在する。農村はもちろん、都会のオフィース街や工場地帯にもそれは存在する。具体的に農地という形をとらずとも、玄関先やベランダにおかれた植木鉢にもそれはあるし、一枚の絵画や一編の詩歌の中にも情景としてそれは存在する。

　そして、もう一つ重要なことは、農の問題はそれだけで完結せず、生業はもちろん、食や遊び、社会関係、信仰、教育などさまざまな分野にそれは影響を与えることである。そのため農には心情や思想が投影されやすい。まさに現代の環境思想と農との関係はそのことを教えてくれる。

　近代民俗学の生みの親である柳田国男は「農民なぜに貧なりや」という思いからルーラル・エコノミーと称する郷土研究を志し、後にそれが民俗学に行き着いたことは有名である。つまり民俗学は草創期の段階から農の問題と深く関わってきたといってよい。しかし、現代の民俗学は農を語ることができるのか。

民俗学で「農」は語れるか

　民俗学は当たり前の暮らしのなかから問題を発見する学問である。歴史的な事件や政治経済上の中心人物に注目するのではなく、地域に暮らす人びとの日常をひたすら聞くことから始まる学問であると考える。

　さる環境社会学者は、今から20年くらい前、私が熊本大学に赴任することが決まると、「熊本に行くなら民俗学者のあなたは水俣病のことをしなくてはいけない」と言った。激励のために言ってくれたことかもしれないが、そうしたフィールドへの接近法は社会学的または歴史学でいうオーラルヒストリー的なものであって、民俗学のそれとは基本的に異なっている。

　本書で述べていることも、そうした考えに基づいて調査し、手に入れたものである。徹底して個人に拘った記述がある一方で、概括的な議論をしているように見える部分もあるが、その背景には必ず生活者の語る思いがある。

　そのように民俗学はたえず生活者の視点に立つべき学問であるはずなのに、農に関してはいつしか生活者の感覚を失い、ひどく偏った見方しかできなくなってしまった。農を支えるのは農村や農家であるとし、さらにそれは都市や都市民の対極にあるものとしてきた。そこには、柳田国男以来、現在に至るまで、「都市と農村」という対置的構図が厳として存在している。

　さらにいえば、現代の民俗学により描かれる農村像は、その実態を写すことなく、たとえば過疎・高齢化の問題のように、最初からマイナスイメージに押し込められてきた。過疎・高齢化の代名詞のごとく言われる現代の限界集落論はまさにその典型である。なぜそれでも山間の村に生活し続ける年寄りがいることをプラスに捉えられないのか、そうしたところにいる年寄りに生きがいや笑顔はない

とでもいうのだろうか。それは民俗学が、過疎化や高齢化といった問題を捉えるとき、「過疎・高齢化」＝「伝承母体の衰退」＝「民俗学の危機」という文脈でしか論じてこなかったことと無縁ではなかろう。当初民俗学は現在学であり、経世済民の学問であったはずなのにである。

しかし、そうしたいわば都市の側に立った一方的な見方では、現在の農が抱える問題について未来を見据えて考えることはできない。それは、過疎化にしろ高齢化にしろそれらを扱った民俗学研究のほとんどすべてが農村に関して未来を描けないままであったことをみても明らかである。自戒の念をこめて言うなら、現在学といいながら、民俗学は本当の意味で生活者の視点に立って現代における農について考えたことはない。

文化資源化という切り口

現代を生きる人びとにとって農はどのような意味を持つのか。それを知るには日常の伝承に基づく民俗学的な考察は有効であろう。そして、現代日本における農の存在意義について、生活者の目線に立ち、国の政治や経済とは別の角度から捉え直してみたい。

ひとくちに農の意義といっても概括的議論に終始してしまう可能性がある。そこで、本書においては、現在農の世界で進む文化資源化を切り口にしてみようと考えた。ここではひとまず、人が遺伝的に獲得したもの以外のすべてを文化とし、それを何らかの目的をもって資源として利用すること、および利用可能な状態にすることを文化資源化と位置づけておく。

現代民俗学においては、文化資源化は避けて通ることができない問題である。現代において民俗伝承とされるものは、程度の差こそあれ、商品化や観光化など何らかの形で資源化されているといって

よい。現代社会にあって、民俗学的な視点を持って現実問題に向き合おうとするなら、農を論じる場合においても、文化資源化という切り口は必要不可欠なものとなる。

　その上で、本書では便宜的に都市と農村という2つの視点から農の文化資源化にアプローチすることとした。結果的には、文化資源化に注目すればするほど、都市と農村の垣根は低くなり、都市と農村とは相互浸透的に交流し融合しつつあること、さらには都市と農村という枠組み自体が意味をなさなくなることも分かってきた。

　そうしたとき、都市と農村という枠を取りはらい両者の融合を促したものが、暮らしの場が都市であるか農村であるかにかかわらず現代日本において全市民的に浸透する環境意識の高まりと食への関心であった点は興味深い。

①都市における農の文化資源化

　近代の都市生活者が抱く感性に田園憧憬がある。田園生活へのあこがれから転居を決意した徳富蘆花は明治40年 (1907) に東京青山から武蔵野に居を移し「美的百姓」と称したことは有名である。そうした農に抱く感性は現代の都市生活においても受け継がれている。ただし、そこで営まれる農は、大きく「愛でる農」と「食す農」に二極化している。前者が園芸なら、後者は菜園に代表されよう。

　「愛でる農」の場合、特定の対象へ偏執的ともいえるこだわりがみられることに特徴がある。たとえば、アサガオは本来生物学的には1種でしかないが、園芸の対象とされた江戸時代以来、一見するととても同じアサガオとは思えないようないわゆる変化朝顔がさまざまに創出されている。しかもそうした品種改良は現代においても、遺伝子操作といった理化学的な方法によることなく民俗技術を駆使してなされる伝統が残っており、それが家伝・秘伝化している例もある。

　一方、「食す農」は、自家消費のための野菜栽培へと収斂する。スローフードやロハスといった環境志向と現代農業への不信を背景に、無農薬・有機栽培に象徴される安全で健康な食物への強い要求がそこにはある。そうした問題を、本書では市民農園の営みに注目して論じている。さらに都市生活者は、都市内で完結することなく、グリーン・ツーリズムや棚田オーナー制度など農村との多様な交流を求めることになる。そうした動きも、農が文化資源化されることで可能になったといってよい。

②農村における農の文化資源化

　現在、農村における農の文化資源化として注目される動向に、在来技術の復活がある。本書では、とくに「冬水たんぼ」(冬期湛水水田)や水田漁撈(田んぼでの魚捕り)を例にとり検討している。高度成長が始まる以前の水田稲作が環境保全型農業そして環境創造型農業として注目されていくとき、水田における人と稲と水田生物の関係は環境思想における持続可能性やワイズ・ユースの考え方と合致した。

　そうした環境思想との出会いにより、かつての民俗技術(水田漁撈や在来農法)は文化資源として再発見されることになる。しかも、それは「自然との共生」という付加価値さえ付けられる。戦後の高度成長期にいったん消滅した水田漁撈や在来農法が1990年代になって復活してきたが、そのことはそうした民俗技術が現代社会において新たな社会的リンクを獲得したものとして評価されよう。

　また、農村における農の文化資源化は地域の民俗信仰にも及ぶ。たとえば、種子島(鹿児島県)には赤米の祭祀が伝承されている。宝満神社のお田植祭である。それが現在では、地域の伝統行事であり民俗文化財として保持されるだけでなく、地域固有の文化資源として評価され、観光振興・地域振興・地域融和・学校教育などさまざ

まな目的に用いられるようになっている。民俗文化財の保存と活用を両立させる事例として注目される。こうした動向を「創られた伝統」といって批判するだけでなく、現代的課題に対応する新たな民俗文化の創出という観点で捉えることこそ現代の民俗学には求められている。

第Ⅰ部
都市における農の文化資源化

第1章 都市生活者の田園イメージ
―田園憧憬をめぐって―

1 田園へのあこがれ

(1) 田園と農

　田園は単なる農村ではない。また、そこにあるのは、手つかずの自然でもない。田園とは、農村における人と自然の関係に対して、都市民が抱く一種の情景である。人が田園というとき、そこには必ずあこがれの感情がある。言うまでもないことだが、田園を生んだのは都市である（ベルグ 1990）。田園とは都市民が発見した美意識といってよかろう。

　田園は古くから絵画や詩歌の題材となり、芸術表現にとって重要な役割を担ってきたが、だからといって、庶民の日常生活とかかわりが薄いわけではない。むしろ、都市化・工業化の進んだ近代以降において、田園はさまざまな農との関わりを通して身近な存在になってきている。

　農とは、経済活動としての農業だけを意味せず、土を媒介とした人と自然との多様な関わりを示すものである。したがって、それは農村だけでなく都市にも存在する。また、たとえ経済的に見合わなくても良しとされ、現代においては楽しみや生き甲斐といったことと強く関わってくる。

　1920年代（昭和初期）、日本の田園を好奇心豊かに描いた外国人がいる。外交官夫人として日本に暮らしたイギリス人女性キャサリン・サムソンである。彼女は、庭造りを好むイギリス人がそうであるように、「自然と交わり、自然を芸術的に味わうこと」のできる

日本人のなかでも、とくに庭師に強く魅かれた。彼女にとって日本の庭師は、単に樹木に関する知識や経験を有しているだけでなく、時に魔術師のような技量を発揮し、当然、庭の所有者や雇い主でさえ口を挟むことができない威厳に満ちた存在であった（サムソン 1994）。

　そうした彼女の庭師への畏敬の念は、イギリスの言い伝えにあるように、「都市は人が作り、田園は神が創る」（小林 1997）とする自然観と無関係ではなかろう。本来、神の領域である田園を都市の中に作り上げることのできる庭師は彼女にとっては、神技を操る魔術師にも等しい存在だったのである。

（2）　田園へのアプローチ―2つの方向性―

　都市生活者が抱く田園へのあこがれは、具体的には2つの動きとして現れた。ひとつは、都市内部に田園を作り上げようとする動きで、いわば都市への田園の内部化である。それは、アパートの窓辺におかれる鉢植えのようにささやかで私的なものから、都市公園や寺社叢林、近世においては大名庭園のような公的で時に国家規模のものまで、さまざまなレベルで企画され実践されている。本章で取り上げる園芸やガーデニングのブーム、前栽畑や市民農園の活動といったものはそうしたバリエーションの中にある。

　そして、都市生活者の田園憧憬を示すもうひとつの動きは、田園の外部化といえるものである。近世都市においても、近郊の野山に出て野草を摘んだり花を愛でたりする習慣は多くあり、また都市内部やその近郊には、たとえば歌川広重の『名所江戸百景』（1829年開板）にみられるように、亀戸天神の藤、堀切の花菖蒲、蒲田の梅、玉川堤の桜など花や樹木の名所が各地につくられた（図1-1-1）。

　花見や紅葉狩り、野草摘みといったことは、都市においては季節の楽しみであるとともに、正月や盆と同等の年中行事にもなってい

図1-1-1　「蒲田の梅」『名所江戸百景』

た（柳田 1927）。そして、それは、都市と地方を結ぶ交通の発達により加速された感がある。近世には徒歩や舟に限られていたものが、近代以降は鉄道やマイカーを使ってより遠くの野山へピクニックや登山に出かけることが可能になった。

　本来、都市生活者はその何代か前をたどると農村から出てきた人たちで、そのため彼らは「土の生産」から離れた「漠然とした不安」を抱いていると語ったのは、1920年代から30年代にかけて盛んに都市と農村の関係を論じた民俗学者の柳田国男である（柳田 1929）。それは1930年代にとどまらず、現代にも通ずる感覚といってよい。田園へのあこがれとともに、都市生活のなかで募る漠然とした不安や苛立ちが、都市に暮らす人びとを実際に田園へと向かわせる背景にはある。

　さらに、田園の内部化・外部化の動きには、それぞれいくつか典型的なパターンがある。詳しくは後述するが、内部化の動きとしては、①園芸への志向と②前栽への志向の2つがある。①は、たとえば「変化朝顔」がその典型である。おもに突然変異を利用してさまざまな品種を生み出し、それを愛好する園芸が近世期に広く都市文化として花開いた。そして、その伝統が現代にも受け継がれている。また、その一端は西欧から移入されたガーデニングのブームにも繋がっている。

　それに対して、②は、自給的な作物栽培への志向で、都市にとどまらず農村部においても前栽畑や汁の実畑・七色畑などと呼ばれる、いわゆるキッチン・ガーデンとして昔から受け継がれてきた。それはとくに地方都市においては近年までごく普通にみられ、また大都市域においても市民農園やベランダ菜園に対する志向と重なっている。①を象徴するものが庭であり植木鉢とするなら、②を象徴するのはまさに耕地(畑)である。

　また、田園の外部化の典型的な動きとしては、①グリーン・ツーリズム(エコ・ツーリズム)と②就農の2つをみることができる。①は都市生活者における農村部への観光的な動きであり、余暇活動としての自然体験や農業体験への欲求といってよい。それは、環境学習のような教育的要素が多分に含まれていることに特徴がある。また、都市内部の市民農園に飽き足らない層による貸し農園や滞在型市民農園(クラインガルテン)への求めとも重なってくる。

　それに対して、②はひとことで言えば、都市生活者の農村回帰の動きである。就農にはいくつかのパターンがある。ひとつは農を生業とするため都市から農村へと移住するもので、いわゆるIターンによる「脱サラ就農」である。それとは別に、もともと農家出身であったものが、定年後に実家を継ぐためにUターンして就農する「定年帰農」がある。さらには、定年帰農や脱サラ就農のように、農業収入に生計の道を得るのではなく、それまでの仕事を退職することによって得られる年金に生計を頼る層、つまり「年金百姓」も都市生活者による農村回帰の現象といえよう。

　以下では、主として都市内部での動きに注目し、都市生活者における田園の内部化に焦点を絞って論じてゆくことにする。そして、それが現代において、食を介して環境思想と融合してゆく様をトレースしてみたい。

(3) 近代知識人の田園趣味―柳田国男を中心に―

　柳田国男は、町屋敷内の前栽畑を論拠に、近世は都市と農とが共存していたとした。それが、近代に至り「新しい移住者だけが農を忘れて後に町の中へ入って来た」として、農村から都市への急激な人口移動が、本来都市にも備わっていた農的な機能を奪ったと考えた (柳田 1929)。

　当然、柳田にとって、近代都市に暮らす人びとのイメージは、「軽薄」「没道義」「個人主義」「抜け目なく」「やや手前勝手」というようにあまりよくない。さらには、「帰去来 情 緒」と名付けたように、都市民は故郷である農村に対して美しく明るいイメージを持ちたがる一方で、「村を軽んじ、村を凌ぎ若しくは之を利用せんとする気風」があるとした。柳田は、こうした複雑でねじれた都市民の心情の背景に、「土の生産から離れたという心細さ」を挙げるのである。

　一方、都市に対する評価とは対照的に、農村については好意的である。柳田は「田舎人」が都市民に教えることのひとつとして、「勤労を快楽に化する術」を挙げる (柳田 1929)。また、農村の持つ魅力として、「古風なる労働観」、つまり労働の持つ「生」と「労」の二面性を指摘する。「労働を生存の手段と迄は考へず、活きることは即ち働くこと、働けるのが活きて居る本当の価値である」という。そして、「農」とは本来働くことと生きることが一致する営みであったが、都市生活ではその二つを分けて考えざるをえなくなってしまったとする。

　都市における労働は生きることの実感を伴わないものになってしまったことを柳田は農村との対比から明らかにしているわけで、そのことは現代において、経済性を度外視しても生き甲斐や遊びを追求する農に注目が集まっていることを予見するものであった。

　同様に、柳田とほぼ同時代を生きた教育者であり社会事業家でも

ある天野藤男は、その著書『田園趣味』の中で、田園趣味は単に自然の美に憧憬するだけのものではなく、「農業の趣味」、「勤労の趣味」、「自然に対する感謝の趣味」であり、それは「人生に対する同情・博愛の趣味」であるとする（天野 1914）。まさに柳田をはじめとする近代知識人にとって、田園は、都市生活において失われてしまったもの、労働が内在する生の実感を取り戻してくれる存在であったといえる。

　近代の日本において、いわゆる田園趣味は知識人の心を捉えていたことは確かである。都市計画家エベネザー・ハワードによりイギリスで提唱された田園都市論が、20世紀初頭にはいちはやく内務官僚によって日本に紹介されたこと（内務省地方局有志編 1907）を見てもそれは理解されるし、柳田国男や建築家で考現学者の今和次郎のような近代知識人が田園都市論に敏感に反応していることをみてもよく分かる（柳田 1929・今 1945）。

　田園生活へのあこがれから転居を決意した近代知識人としては、ロマン主義の作家、徳富蘆花が有名である。彼は1907年（明治40）に東京青山高樹町から「追々都会附属の菜園」になりつつあった武蔵野（千歳村、現世田谷区）に移って「美的百姓」として暮らしていた（徳富 1938）。

　柳田も、1927年（昭和2）、52才のとき、それまで暮らしていた東京市ヶ谷を離れ、まだ田園の風情を多く残す北多摩郡砧村（現世田谷区）へと居を移している。徳富蘆花のように実際の農作業には従事していないが、庭を造りそこに人から貰ったり所望したりして集めた木々を植え大切に管理していた（小田 2019）。こうしてみてくると、日本が経済的・政治的・軍事的に近代国家への道を突き進み、さまざまな都市問題が顕在化しつつあるとき、都市近郊の田園に移り住み、自然や農の重要性とその魅力を語る柳田は典型的な近代における都市知識人のひとりであったといえよう。

2　園芸(観賞)の志向—田園の内部化①—

(1) 都市園芸文化の流れ—アサガオを中心に—

　従来、都市における農として注目されてきたものに園芸がある。近世以降、常に一定の愛好者を持ち、ときにブームを巻き起こしてきた。じつに多くの植物がその対象とされている。まさに園芸文化と呼ぶにふさわしいものが都市には存在する。

　江戸時代は都市に暮らす町人や武家の間で園芸が大きく発達するときであった。江戸時代の都市住民の間でもっとも広く愛好された道楽は園芸で、大名屋敷の庭園や寺社叢林から庶民による鉢植えまで含めると、まさに江戸は庭園都市と呼ぶにふさわしい(棚橋1999)。そして現代でも、園芸植物はたとえば東京入谷の朝顔市や湯島天神の菊花展のように季節の風物詩として都市文化を彩っている。都市における園芸文化の歴史をアサガオを例にして辿ってみることにしよう。

　柳田国男は「朝顔の予言」(柳田 1931)と題する一文の中で、日本の色彩文化にもっとも大きな影響を与えたのはアサガオであったと語っている。「この蔓草ばかりは殆とあらゆる色を出した。時としては全く作る人が予測もしなかった花が咲き、さうで無いまでも我々の空想を、極度に自在に実現させてくれた」とし、「無為の生活を導いて居た国民が、久しく胸の奥底に潜めて居た色に対する理解と感覚、それがどれ程まで強烈なものであるかを、朝顔の園芸が十分に証明した」(柳田 1931)とまでいっているが、実際に千変万化の変化朝顔を見ると柳田の指摘もあながち誇張とはいえない。

　アサガオは奈良時代に薬草として中国からもたらされたと考えられている。日本の園芸文化は本草学の中から生み出されたといってよい。アサガオは本来生物学的には1種でしかない。それが園芸の

対象として一大発展を遂げるのが江戸時代である。いわゆる変化朝顔と称されるもので、もとは青色しかなかったものが、花色や模様だけでなく花や葉の形・咲き方においても変化に富んだものが次々に創出されていくことになる（国立歴史民俗博物館 1999・2000・2001）。

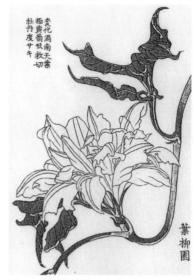

図1-1-2　変化朝顔
（『朝顔三十六花撰』1858年）

　園芸としての朝顔ブームは、江戸時代以降、大きくは3度あった（辻 2001）。第1回目のブームは江戸時代後期の文化・文政期（1804-30年）、2度目が嘉永・安政期（1848-60年）であった。この2期を通してアサガオの変化を生み出す突然変異のほとんどが発見されている。そして、第3回目のブームが明治時代後期（1904-12年）で、このときには西洋科学の流入により、人工交配を利用したいっそう複雑な変化朝顔が創られた。

　アサガオ以前にも園芸ブームは存在したが、それはツバキやボタン・カエデ・ウメといった樹木が中心で、その担い手は屋敷に広い庭を持った旗本など富裕層が中心であった（久留島ほか 2001）。そうしたとき、アサガオのような草花は鉢植えでよく、花壇を持つ必要がないことから、庶民が愛好するには適していた。アサガオが都市における園芸文化の大衆化に果たした役割は大きなものがある。

(2) 園芸からガーデニングへ

　現代の園芸やガーデニングに欠かせないものに植木鉢がある。植木鉢はけっして生活必需品ではない。にもかかわらず、江戸時代に植木鉢は突如現れ、しかもごく短期間のうちに山の手・下町を問わず広く普及している。その多くは一定の規格をもった普及品であった (小川 1992・小林 1993)。都市における園芸文化の発展には大量生産された安価な植木鉢の存在は不可欠であった。とくに都市域において上流階級のように屋敷に庭園を持つことのできない庶民階級にまで園芸が普及するには鉢植えはなくてはならないものであった。都市文化としての園芸は植木鉢の普及とともに一般化・大衆化していったといえる。

　こうした傾向は基本的に現代でも変わっていない。マンションのベランダや家の玄関でガーデニングを楽しむ人は多いが、そのとき現代の植木鉢であるプランターやフラワーポットは不可欠な容器である。

　20世紀初めには、後のガーデニング・ブームを予感させる園芸雑誌が創刊されている。そのひとつに家庭之園芸社刊『家庭之園芸』(月刊、1913年6月―同年12月) がある。それをもとに日本におけるガーデニング前史を概観してみよう。

　当時はまだ都市内部でも家庭菜園は多く存在しており、都市生活者による野菜作りはいわば当たり前のことであった。そうしたなか、庶民の間でおこなわれる実益性の高い野菜作りを中心とした農とは別に、ハイカラで趣味性の高い園芸が上流家庭の婦人に推奨されるようになる。雑誌発刊の趣意には、園芸は、新清なる遊戯、家庭の教訓、運動、緩和剤となり、ひいては「国家の大事」につながると謳われている。そこでは、大正時代の女性解放運動に対して批判的な論調が目立つものの、近世以来の園芸文化を引き継ぎつつ、ダリアやグラジオラスなどの洋花や洋式花壇といった欧米のガーデ

ニング文化がいち早く紹介されている（家庭之園芸編集部 1913）。

　その後、太平洋戦争後の高度成長が終わりをつげる1970年代に起こった園芸ブームを経て、1990年代にはガーデニングは本格的に日本においてブームを巻き起こす。具体的には、1990年に国際花と緑の博覧会（大阪花博）が開催、1992年にはガーデニングを紹介するインテリア雑誌「私の部屋BISES」が発刊され、そして1997年には「ガーデニング」が新語・流行語に選ばれている（高橋・下村 2001）。

　戦時などの非常時には園芸も食料生産という自給面に重きを置くことになるが、そうした時期を過ぎ社会が安定期を迎え、また都市文化が成熟するとともに、田園の意味は観賞つまり“愛でる”ことに重点を移していくことになる。関ヶ原の合戦と江戸時代中期の園芸ブーム、太平洋戦争と1990年代のガーデニング・ブームの関係はまさにそのことを示している（小笠原 1999）。

3　前栽畑（食）の志向─田園の内部化②─

(1) 前栽畑の存在

　農地は町や都市にも存在している。その代表が屋敷に付属して作られる前栽畑である。それはごく小面積で、屋敷内やまたその隣接地に設けられることが多く、耕地の利用率が高いこと、徒歩による頻繁な行き来が可能なこと、また女性や老人による家事労働の一つとして自家消費目的の野菜栽培がおこなわれることに大きな特徴がある。

　今和次郎は、江戸をはじめ近世の都市は「田園的な風格」を有していたとして、都市民が屋敷の裏に野菜畑を持ち、一家の副食物を生産していたことに、建築家の立場から注目している（今 1945）。実際、都市化がいっそう進んだ近代に至っても、商家や職人の店の

裏に小さな菜園を作ることはごく当たり前に見られることであった。

　柳田国男も、1929年（昭和4）に書いた『都市と農村』のなかで、「小さき町ではわざと屋敷地割を細長くして、背戸の一区画には自家用の菜や瓜を作って居た。之を前栽畠と称して其経営を家事の一部として居ることは農村以来の生活そのままであった」といい、そうしたことは「町である故に特に欠くべからざるものになって居た」とする。柳田の指摘は、近世からの伝統として、人口が極度に過密化する以前の近代都市においては、その内部に農がごく当たり前の生活の一部として存在していたことを示すものである。それは農業（農事）というよりは家事の一部として見る方が正しいであろう。

　また、柳田は、当時一部で流行していた田園都市運動に注目して、都市においては個々の家が実際に庭園を持つことは容易でないが、それを求めていることの表れとして、ヨーロッパ大都市の郊外に流行する「市民専用の圃場」を挙げている（柳田 1929）。いわゆる市民農園であるが、柳田はそれを「帰去来情緒」の生み出したもので、前栽畑と同様の志向性を持つものと考えていた。

　詳しくは後述するが、前栽畑のありようは市民農園と共通する部分が多い（ただし、ここでは志向性の類似を論じるだけで、系譜的に農村の前栽畑と都市の市民農園が起源を同じくするというつもりはない）。たとえば、土地の形態をみると、前栽畑は市民農園とよく似ている。とくに近畿地方の農村の場合、村落は屋敷が近接する集村になっており、そのため屋敷ごとに前栽畑を設けることはなく、各家の前栽畑は集落のはずれにひとまとまりに固まって存在することが多い。その景観は同一区画の畑が複数寄せ集まっている市民農園とよく似ている。

　それに対して、前栽畑と通常の畑は志向性の上で明確に区別される。畑は一定面積の中に単一の作物をより効率よく大量に作ること

を目指すが、前栽畑の基本は自家の生活に必要なものを必要なだけ作る、いわゆる多品種・少量栽培となる。

　一例として、1954年（昭和29）の農業日誌を見てみよう（永島 2000）。それによると、群馬県大間々町のある農家が所有する8.8反（88アール）の畑のうち「家前畑」と記された前栽畑は1反（10アール）ほどの面積しかないが、そこに1年間に栽培される作物は27品種、作付け回数はじつに46回に及ぶ。それに対して、8反近くある通常の畑にはせいぜい2・3品種しか作付けしていない。その多くは陸稲と麦で、その間作に商品作物として野菜を栽培している。また、長野県立科町のセンゼーバタケ（前栽畑）において、現代（1992年時点）に時間軸を設定してなされた調査でも、ほぼ同様の傾向が指摘されている（古家 1993）。

　こうして見てくると、歴史的にも前栽畑の志向性は通常畑とは明らかに違ったものである。前栽畑では家で1年間に必要とする作物（野菜が中心、花卉を含む）を多品種・少量栽培するのに対して、面積的には圧倒的に多くを占める通常の畑では主穀である麦や商品作物に特化した栽培形態がとられている。当然、通常畑では市場原理に応じて少しでも高く収穫物が売れるように播種時期などの栽培計画が立てられるのに対して、前栽畑では家族が「食べたい」ものが優先して栽培され、かつ「食べる」ことから逆算して栽培の時期や量が決定されることになる（古家 1993）。

(2) 前栽畑から市民農園へ

　前栽畑と市民農園とは類似点が多い（写真1-1-1．1-1-2）。市民農園それ自体に関しては本書の第Ⅰ部第2・3章にて詳述しているので、以下ではそれと前栽畑を比較してみることにする。

　立地上は、両者とも屋敷内またはその近くに存在し、徒歩で頻繁に家と行き来が可能であること。また、景観上は、両者とも果菜類

写真1-1-1　前栽畑（茨城県鹿嶋市）　　　　写真1-1-2　市民農園（熊本市）

を中心に多品種・少量栽培が基本であること。そうした立地や景観以外に、労働観や自然観との関わりから、類似点として以下の3点が指摘できる。

①主たる耕作の担い手が女性と老人であること

　前栽畑の耕作と管理は女性（主婦）および老人（姑・舅）によりなされている。管理するものにとって、その裁量は一種の権利となっている場合もある。事実、「屋敷まわりの菜園には男は口出ししない」（高取 1982）とするところは多い。それは収穫物の処理といった経済的な意味とともに、花を植えたりして趣味的な活動に利用する権利も含まれており、写真1-1-1にあるように、実際に野菜の一角に季節の華花が植えられている前栽畑は多い。

　同様に市民農園の担い手も定年退職後の老人と主婦が圧倒的に多い。また、その目的をみてみると、経済的な意義が問われることはなく、老人は市民農園での野菜作りをレクリエーションや健康維持

に、主婦は無農薬・有機栽培の野菜を家族に食べさせたいからという理由を挙げやはり健康と結び付ける傾向が高い（安室 2003）。

②収穫物は自家消費を旨とし、家の食に直結すること

　ともに収穫物は家の食料として用いることを基本としている。とくに前栽畑の場合はその家で必要とされる野菜や好まれる野菜の種類を網羅しなくてはならず、必然的に多品種・少量栽培となる。そのため、土地利用・作付けのあり方には、その家の食物の嗜好が直接に反映される。現代においても、前栽畑から収穫される作物は、農家の日常生活において食事の料理数を増し、食生活を豊かなものにしているとされる（黒澤ほか 1990）。

　また、すでに市場では見かけなくなった品種が、"昔から食べているから"、"おじーちゃんが好きだから"等といった理由から、前栽畑において作り続けられていることはよくある。現在は野菜の種子や苗はほとんどが種苗会社からの購入品となっているが、前栽畑での栽培植物には家で継承されている種子が多くみられるのはそのためである。さらには、現在あまり市場に出回っていないような珍しい野菜が実験的に取り入れられ栽培される傾向もある（古家 2004）。そうした点をみると、品種の多様性維持においても前栽畑は重要な役割を担っているといえよう。

　同様に、市民農園も多品種・少量栽培の傾向が強い。ただし、その家で必要とされる野菜の種類を網羅するほど多品種・少量栽培に特化しているわけではない。前栽畑に比べると、「食べたい」野菜や果物が優先される傾向にあり、そうした中にハーブや花卉の栽培が取り入れられたりして趣味的な要素も大きい。また、自家消費を旨としつつも、収穫物が他者への贈答や交換に使われることも農園コミュニケーション（農を介しての交流）として重要な意味を持っている（安室 2003）。

③作り手の嗜好や信条また自然観を反映し、工夫が凝らされた個性的な空
　間であること

　両者とも利用者の個性が際だつ空間である。また、同時に、家人
の嗜好や自然観および家の都合が大きく作用する。市民農園にみる
利用者の個性は土地利用にもっともよく現れている。たとえば、熊
本市の市民農園では108か所の区画のうち、ひとつとして畝の立て
方や作付け法が同じものはない。その場合、現代農法の理論が無視
されることも多く、それよりも利用者の自然観や信条（たとえば無農
薬栽培への強い志向）が優先される傾向にある（安室 2003）。

　同様に、前栽畑も、その家の嗜好を反映して作付けがなされてお
り、それが土地利用の個性として現れている。また、前栽畑は主要
な農事の合間におこなわれるため、農作業一回あたりに掛ける労力
は少ないが、その日に食す果菜を得るために一日のうちに何度も通
う必要がある。その結果として、前栽畑に対する私有の意識はきわ
めて高いものとなっている。経済性や公的な面での重要性とは反比
例しているといってよい。

　民俗学者の宮本常一も、日本人の水田に対する所有観念にはたと
え私有地であっても、そこには必ず公的な意識が伴うのに対して、
前栽畑はまさに私有意識が支配する空間であると指摘している（宮
本 1959）。家族の食を通して生計維持に直結する耕地だからこそ余
計に排他的となり私有の意識は高められるといってよい。

　以上のように、市民農園にみる農への志向は、通常の畑とはさま
ざまな点で対照的であるのに対して、前栽畑とは共通する部分が大
きい。かつて都市内部には、前栽畑をはじめ自家の庭や河川敷など
の空地を利用した野菜畑が思いのほか多くあった。しかし、近代化
や工業化それに伴う人口過密により、そうした余地が都市内部から
失われていくことになる。

　そうしたとき、たとえば公害を訴え企業を追及するという直接的

な行動を取るのではなく、環境問題への身近なアプローチとして都市生活者自身の手による野菜作りつまり前栽畑が再び注目を集めるようになった。ある面では、前栽畑は環境問題に対する都市生活者の穏やかな抗議であり自衛策とも考えられよう。そうして、1970年代以降になり、ドイツのクラインガルテンやイギリスのアロットメントガーデンを政策の手本にして導入されたのが市民農園である。市民の環境意識の高まりを受け止める政策としては時宜を得たものであったと評価されよう。しかし、現在、そのあり方については多くの困難な問題(樋口 1999)が表面化しており、政策的には曲がり角に来ているといわざるをえない。

4　愛でる田園、食す田園―田園内部化の2方向―

(1)「愛でる」と「食す」

　都市生活者があこがれの対象とする田園を自分たちの生活領域である都市内部に取り込むにあたっては、園芸(後にガーデニング)と前栽畑(後に市民農園)という2つの方向性があったことは、前述の通りである。その2つの方向性はさまざまな点で対照的である。そして、その違いは、都市生活者の田園に対するあこがれの具体相を示しており、また都市内部に取り込まれた田園の多様性を示すものとしても興味深い。

　表1-1-1に示すように、方向性の違いは、①担い手となる人、②それを支える技術、③目的、という3つの点で対照される。

①人

　両者の担い手を比較してみると、その違いは一目瞭然である。園芸の場合、その担い手は、程度の差はあるが、老若男女をとわない。そのなかで園芸に特徴的なこととしていえるのは、本来趣味的であるがゆえに、それが高じると、金銭に糸目を付けないような過

表1-1-1　園芸と前栽畑の対照

	園芸・ガーデニング	前栽畑・市民農園
①人		
・関わる人	多様（老若男女）、好事家	一家の女性・老人
・関わり方	趣味、余暇活動	日常の生計、余暇活動
・専門家の介在	植木屋・庭師	なし
②技　術		
・植栽方法	植木鉢・温室	露地栽培
・手入れ	農薬・肥料の多用	無農薬・有機栽培の志向
・人-植物関係	人為の優越（品種改良、人工交配）	自然の優越（太陽・雨など自然任せ）
・技術の指向	個別化・専門化・特殊化	簡便化・安定化・普遍化
③目　的		
・使　途	観賞（競技）	食
・経済性	商業的（時に投機的）	自給的（自家消費）
・志　向	美・貴・珍	健康・滋味・安全

度に熱中する趣味人や好事家を生むことである。

　それに対して、前栽畑や市民農園の場合は、女性（主婦）と老人（姑舅）が主として携わり、その関わり方もあくまで日常生活を逸脱するものではない。そんななか特徴的なこととしていえるのは、とくに前栽畑の場合には、その管理が主婦の役割であり、かつ権利として重要な意味を持つことである。

　また、園芸には植物とそれを愛でる人との間にプロフェッショナルが介在する点が前栽畑との大きな違いとして指摘できる。そうしたプロの代表が植木屋・庭師である。彼らはキャサリン・サムソンを驚嘆させたように、草花において貴品・珍品の創作やときには品種の改良までも手がける。そうした新たな品種の創出については昔から家伝・秘伝として認められてきており、現代では法規（種苗法）により一種の知的財産として育成者の権利が保護されるようになっ

ている。そうしたプロの存在や知的財産の意識は、前栽畑や市民農園にはみられない。

②技術

　両者をめぐる技術について比較してみると、まず栽培法の違いに気がつく。園芸・ガーデニングでは、植物は花壇のほか植木鉢やプランターに植えられ、さらにそれが温室に入れられることもある。江戸時代においては、植木鉢の普及が園芸ブームと連動していたし、温室もその頃にはすでに利用されるようになっていた（小笠原 1999）。また、花や葉を美しく育てるためには細心の注意を払って施肥がなされたり、病虫害から守るために農薬が使われるのは当たり前となっている。

　それに対して、前栽畑・市民農園は露地での栽培が基本となる。むしろ露地で太陽の光をいっぱいに浴びて育つほどよいとされる。当然、無農薬・有機栽培への志向は強い。その結果、園芸は人による管理・育成が徹底され、人工交配や接ぎ木によってさまざまな品種が創出されていくのに対して、前栽畑の場合には、自然に任せること、言い換えれば自然への楽観的ともいえるほどの依存と期待が栽培法の基本となっている。

　また、園芸を趣味とする人は、対象とする花ごとにいくつもの同好会や流派を作っていることが多い。そして、他者とは違った花や葉の色・形を創り出し、さらには品評会などで競い合うという性向をもつ。そのため、科学的な裏付けはひとまずおくとして、育成技術には同好会や個人レベルにおいて多くの秘伝が生み出されていく。結果として、園芸を支える技術は、個別化・専門化・特殊化の道をたどることになる。

　それに対して、前栽畑・市民農園を支える技術は、簡便かつ省力的でありながら、作物の収穫が安定するとともに持続的であることを志向する。また、その技術は基本的に広く他者に開かれたものと

なっている。当然、栽培技術に秘伝など存在しない。市民農園の場合、その技術は農園内でのさまざまな世間話を通して、たえず入園者の間で交換され、また旧来の人が新来の人に世話を焼きながら共有化されていく。つまり、市民農園の技術は通時的にも共時的にも平準化していく傾向を持つ。そうしたことが市民農園をめぐる技術の根本にあり、かつ市民農園におけるコミュニケーションの意義となる。また、そうしたコミュニケーションのあり方が、入園者にとっては市民農園の魅力のひとつともなっている（安室 2003）。

③目的

　両者の目的を比較してみると、その対照はより際だってくる。園芸はあくまでも観賞と競技を目的とする。実益よりは趣味性を重んじ、そのため自分自身で手を掛けて栽培するものとともに、貴品・珍品のコレクターを生みだす。盆栽などはその典型といってよい。そして、ブームのときには、投機的な様相を見せることさえある。江戸時代にはアサガオ一鉢が家一軒と同じ値段で取り引きされたことがある（君塚 1995）。

　それに対して、前栽畑・市民農園の場合は、栽培物は多くが自家消費を目的とした野菜ものである。つまり栽培物は直接家族が口にする食物となり、その目的は広い意味で健康へと収斂する。当然、より滋味豊かで、美味しく、安全なものが求められることになる。

　以上のように検討してくると、ひと言でいえば、園芸・ガーデニングを支える志向は「愛でる」ことにあるのに対して、前栽畑・市民農園を支える志向はまさに「食する」ことに収斂している。

（2）自然観の対照

　前栽畑・市民農園の営みは、食という人にとってもっとも基本的な部分を介して生活のリズムに作用する。そこで収穫されたものを食することで、季節を知り、天候の具合を体感する。それはまさに

歳時記に相当するといってよかろう。

　園芸・ガーデニングは、自然に反する形状や育成のあり方も辞さない盆栽に象徴されるように、人が自然を馴化し支配しようとする強い志向を持つ。それに対して、前栽畑・市民農園の場合は、人の生活を自然の営みの中に組み込み一体化させようとする。むしろ、その志向は、自然を人のために変えるのではなく、良いときも悪いときのあるがままの自然を認め、それに人自身や生活を寄り添わせることを旨としている。

　そのとき、人と自然を直接的に結び付けるものとして、食は重要な意味を持ってくるし、また反対に人が食物として直接に口にするものだからこそ"自然"であることへのこだわりが強くなるともいえる。

　授業の一環として大学生に対して、どのような時（もの）に自然を感じるかを尋ねたことがある。そのとき、あるガーデニングを趣味とする学生は、植物の内部に秘められた生命力を感じたときと答えている。そうした感覚は自分がガーデナーとしてプランターで育てる花から受けたものだという。

　その学生はガーデニングを始めたばかりの頃、屋根付きのベランダにプランターをおいて植物を育てていたが、そこではたとえ雨の日でも植物にじょうろで水を与えなくてはならない。このことにはじめの頃は矛盾を感じていたという。しかし、それも現在は当然のことと思うようになる。植物に不可欠な水を与えるのは人（自分）であるという思いがそこにはある。

　つまり、学生にとってガーデニング（園芸）とは、植物とその回りの自然環境を一部切り離し、その代わりに人と植物との相互依存の関係を結ぶものであるといえよう。そこに育まれる自然観は、人と植物とは他の自然環境から孤立しつつ、それによりよけいに強い依存関係を結んでいるところから発するものである。だからこそ、人

の関心はまさに植物そのものに向かい、それはひいては秘伝的な技術や変種の創作へと向かっていく。

そこに見られる自然観は、過度なまでに植物内部の生命力に向けられており、その生命力を維持するのは人（自分）であるという思いが形成される。これは人が自分の側に自然を取り込むかたちでなされる自然との一体感の表現といえよう。

園芸・ガーデニングにみられる、植物に不可欠な水や栄養を与えるのは人（自分）であるという思いとは対照的に、前栽畑・市民農園では水やりは播種や植え付けのときだけで、あとは雨や日光といった自然に任せ、また基本的に成長は植物自体の持つ生命力に委ねられる。当然、前栽畑・市民農園の方が肥料や農薬の使用は少ない。むしろ自然の営みに反するような化学肥料や農薬は極力避けられる。それに限らず、人為は最小限にとどめようとする傾向にある。人が余計な手を掛けないからこそ良いとされる。

だからこそ、市民農園に通う人びとは、農園でできた野菜や花に自然の力を感じ取り、それを人が摂取することで自然のエネルギーを得て健康になると期待するのである。彼らは、植物を介して自然との一体感を望んでいるといえよう。園芸・ガーデニングとは違った形での自然との一体感がそこにはある。

前栽畑や市民農園の営みは、都市生活者に季節を自覚させる。都市においても農は農事暦を刻み、それは人に年中行事を意識させる。日本では農事暦が年中行事（農耕儀礼）の成立と深く関わっていることを民俗学は明らかにしてきたが、市民農園の営みもまた都市生活の中にあっては歳時記として機能し、私的で個別的な年中行事を生み出している。それは、生活の中に＜播種・植付―収穫＞という折り目を作り出し、かつその折り目に応じた収穫物の贈答行為を生じさせたからである。

収穫物の贈答は季節を他者と共有することである。かつまた、そ

の家の祭事が餅を配ることで周りの人たちの知るところとなるという、儀礼の社会化と同様の意味を持つと考えられる（安室 1999）。季節感が失われがちな都市生活において、都市の年中行事は自ら季節に触れる機会となる（石井 1994）が、まさに市民農園における＜播種・植付―収穫―贈答＞といった一連の流れは折々の季節を都市生活者にもたらし、都市における私的で個別的な年中行事としての役割を果たしている。

(3) 食にこだわる田園―スローフードの登場―
　市民農園や前栽畑を支える自然観は、人の力はしょせん自然には及ばないという考え方に象徴される。それは人為に対する不信と自然の力に対する大きな期待とが織りなす感覚である。そのため、人為は極力排され、あるがままの自然が望まれる。そうした自然の力を収穫物を通して人は獲得しようとするわけで、そのもっとも直接的な方法が食べることである。
　人が関与しない自然なものだからこそ安全で滋味の豊かな食物として評価されることになる。植え付けと収穫のとき以外はほとんど手をかけない"捨て作り"に近い前栽畑や市民農園の作物は、形や色が不均一で、無農薬で栽培されることが多いため虫食いも多い。しかし、現代においては、スーパーマーケットで手に入れることのできる形や色の美しい野菜より価値高いものとして扱われる。だからこそ、市民農園の収穫物は、今は他所で暮らす息子や娘に贈られたり、また知り合いへのプレゼントに使わたりするのである。
　前栽畑に比べ市民農園の作物はそうした傾向が高く、生活の都市化とともにその観念は強められていった。都市化が進むほど、農への期待は食に収斂する。そこには露地・無農薬・有機栽培に象徴される安全で健康なものへの強い志向が見て取れる。
　都市生活者の食へのこだわりを肥大化させた根本には、現代農業

への不信があるといってよい。それは、わずか半世紀前まで日本人が晒されてきた食糧不足への不安といったものではなく、食足りた後にやってくる食物の安全性や健康への不安である。市民農園のような"もうひとつの農"は、そうした現代農業への不信から出発しているといっても過言ではない。と同時に、"もうひとつの農"への大きな期待もそこにはある。だからこそ、自分たちの食べるものは自分で作りたいとする欲求が生まれてくるといえよう。

現代農業への不信を背景とする食へのこだわりは、1990年代に入ってからもたらされた生物多様性（バイオダイバーシティー：biodiversity）や持続的利用（サステイナビリティー：sustainability）といった環境思想の一般化・大衆化の動きと呼応している。そして、それはスローフード・地産地消・身土不二といった食育運動のスローガンへとつながっていく。また反対から見れば、そうした食にかかわるスローガンがあったからこそ、欧米から移入された目新しい環境思想を市民へと抵抗なく普及させたともいえよう。

食は都市生活者にとってはもっとも身近でかつ直接的に自然を体感できる機会となるからである。環境思想が都市生活者の食への関心と結びついたとき、その一般化・大衆化は一気に進む。そうした動きの中1980年代から90年代にかけて生み出されるのが、スローフードや地産地消のような新造語である。それは概念としては明治時代末1910年代に一時流行した身土不二と通ずるものがある。

環境思想は移ろいやすい。それは、「エコロジー・ライフ」「環境保全型社会」「持続的開発」「ワイズユース」「環境にやさしい」「生物多様性」「自然との共生」「循環型社会」など、これまでの環境用語の変遷を見れば明らかであろう。それだけに、スローフードや地産地消といった食育運動が一時のブームで終わるのではなく、本当の意味で、農村の振興や消費者（都市生活者）も交えたかたちでの新たな農の創造を目指すものになってもらいたい。そうでなければ、お

そらく環境思想の移ろいとともに、スローフードなどの言葉も泡沫のごとく消えていくことになろう。

引用参考文献

・天野藤男　1914　『田園趣味』洛陽堂
・石井研士　1994　『都市の年中行事』春秋社
・小笠原亮　1999　『江戸の園芸　平成のガーデニング』小学館
・小川　望　1992　『シンポジウム江戸出土陶磁器・土器の諸問題Ⅰ』江戸陶磁土器研究グループ
・オギュスタン・ベルグ　1990　『日本の風景・西洋の景観』講談社
・小田富英編　2019　「年譜」『柳田国男全集　別巻1』筑摩書房
・家庭之園芸編集部　1913　「発刊の趣意」『家庭之園芸』1号
・君塚仁彦　1995　「近世園芸文化の発展」『日本農書全集54巻』農山漁村文化協会
・キャサリン・サムソン　1994　『living in tokyo　東京に暮す1928-1936』岩波書店
・久留島浩・岩淵令治・平野恵　2001　「朝顔をめぐる歴史的世界」伝統の朝顔展示プロジェクト編『朝顔を語る』財団法人歴史民俗博物館振興会
・黒澤美智子・泉谷希光　1990　「食生活構造に関する研究」『農村生活研究』34巻3号
・国立歴史民俗博物館　1999　『伝統の朝顔』
・国立歴史民俗博物館　2000　『伝統の朝顔Ⅱ』
・国立歴史民俗博物館　2001　『伝統の朝顔Ⅲ』
・小林章夫　1997　『田園とイギリス人』日本放送出版会
・小林謙一　1993　「近世江戸の瓦質土師質植木鉢について」『江戸在地系土器研究通信』合冊1号
・今和次郎　1945　『住生活』相模書房（『今和次郎集第5巻』1971　ドメス出版）
・高取正男　1982　「女の民俗誌」『高取正男著作集Ⅴ』法蔵館
・高橋ちぐさ・下村孝　2001　「ガーデニングブームの実態と背景」『ランドスケープ研究』65巻1号
・棚橋正博　1999　『江戸の道楽』講談社
・辻誠一郎　2001　「朝顔解説」伝統の朝顔展示プロジェクト編『朝顔を語

　　る』財団法人歴史民俗博物館振興会
・徳富健次郎（蘆花）　1938　『みみずのたはごと』岩波書店
・内務省地方局有志編　1907　『田園都市と日本人』（講談社　1980復刻）
・永島政彦　2000　「農業日記にみる畑作・養蚕農家の生業」『大間々町誌
　　別巻6』
・樋口めぐみ　1999　「日本における市民農園の存立基盤」『人文地理』51
　　巻3号
・古家晴美　1993　「そ菜園考」『日本民俗学』193号
・古家晴美　2004　「10年後の『そ菜園』」『東京家政学院筑波女子大学紀要』
　　8集
・宮本常一　1959　「畑作」『日本民俗学大系第5巻』平凡社
・安室　知　1999　『餅と日本人』雄山閣出版
・安室　知　2003　「もうひとつの農の風景」篠原徹編『現代民俗誌の地平Ⅰ
　　―越境―』朝倉書店）
・柳田国男　1927　「都市建設の技術」『都市問題』4巻2・3号（『定本柳田国
　　男集29巻』　1970　筑摩書房）
・柳田国男　1929　『都市と農村』（『定本柳田国男集16巻』　1969　筑摩書房）
・柳田国男　1931　『明治大正史世相編』（『定本柳田国男集24巻』　1971　筑
　　摩書房）

第2章　都市における「もう一つの農」
—市民農園のいとなみ—

1　都市と農村という二分法を超えて

　民俗学は従来、農についてとても偏った見方をしてきた。それは
型にはまった生業類型論に象徴される。農を支えるのは農村や農家
であるとし、さらにそれは都市や都市民の対極にあるものとしてき
た。つまり都市には農は存在しないとする思い込みがある。そこに
は、民俗学の常識として、柳田国男以来、現在に至るまで、「都市」
と「農村」という対置的構図が存在する。

　さらにいえば、現代の民俗学により描かれる農村像は、たとえば
過疎や限界集落のように、最初からマイナスイメージに押し込めら
れてきた。それは長い間、過疎や都市化といった問題が、伝承母体
の変容イコール民俗学の危機という文脈で論じられてきたことと無
縁ではなかろう。

　しかし、そうした研究者の思い込みを廃さないかぎり、現在の農
が抱える問題を未来を見据えて考えることはできない。それは、過
疎にしろ都市化にしろ、それらを扱った民俗学研究のほとんどが農
に関して未来を描けないままであったことをみても明らかである。
現在学といいながら、民俗学は本当の意味で現代における農につい
て考えたことはない。

　そうしたとき、現代の農を考える上で忘れてはならないことがあ
る。都市的な生活と農とは対立関係にあるのではなく、むしろ現代
生活の中ではその境目は不分明であり、またときに相互浸透的でさ
えある。農の担い手の一部は確実に都市民である。現在、エコツー

リズムやエコミュージアムに代表されるように、都市が農村に、また農村が都市に期待し歩み寄る現象が顕著になってきている。そのとき、両者の交流に大きな役割を担っているのが農である。

　1995年現在、農林水産省の統計では、日本には約14万か所の農業集落があるとされるが、平均すると1集落は172戸で、そのうち農家はわずか27戸に過ぎない（山崎 2000）。国により農業集落に分類されたものの、そこに居住するのはもはや農家だけではない。また反対に、県庁所在地のような中核都市の内部にあっても農業者は多数存在している。これまで民俗学が掲げてきた都市と農村という構図は現在を切り取る分析視点としてはもはや意味をなさない。

　そこで、本章では、都市と農村という構図をいったん解体し、現代生活にとって農とはいかなる意味を持つものなのか考えてみたい。現代では、都市域において一見農業とは無関係に暮らす人びとは単に消費者としてしか農に関係してこないのであろうか。

　かつて筆者は、第1次産業人口が10％を切って久しい現代、都市的生活を送る人の多くは生業（なりわい）としての農業ではなく、食料としての農産物にしか関心を示せなくなったのではないかと考えた（安室 1998）。しかし、都市と農村の間にある垣根を取り払ってみると、それは誤った見方であったと認めざるをえない。なぜなら、農は都市・農村を問わずさまざまなかたちで私たちの生活の中に入り込んできているからである。そうしたとき私たちが示す農への関心のあり方は民俗学においても興味深い新たな研究対象となりえよう。

　そのひとつが、ここに取り上げる市民農園である。都市における農（都市農）[1]のあり方を問うとともに、都市と農村という図式では捉えられない現代の農をめぐる民俗をみていくことができる。市民農園では農がいかなる意識のもとに営まれているのか。そうした農は現代農業とはどのような関係にあるのか。その点を明らかにするこ

とが本章の主なねらいである。

2　市民農園とは

(1) 市民農園の概観

　農林水産省によると、市民農園とは「都市の住民がレクリエーションや自家用野菜の生産を目的として、小面積の農地を利用して野菜や花を育てるための農園のこと」であり、その機能として、レクリエーション、自家用野菜の生産、高齢者の生きがいづくり、児童の教育等があげられる(農林水産省 1999)。市民農園整備促進法などの法律や条例・規則においては、土地所有のあり方など法的に厳密な規定がなされているが、一般的な市民農園の理解としては上記の定義が妥当であろう。

　ただし、この定義は明らかに利用する側つまり都市生活者側の市民農園の捉え方である。これとは別に、日本の場合には、後継者不足等により維持できなくなった農地の保全と有効利用という、市民農園として土地を提供する農業者側の見方も存在する。また、都市計画の上からは、緑地環境を構成するオープンスペースとしての意義も指摘される(唐沢 1977)。

　市民農園という呼び方のほかにも、ふるさと農園・いきがい農園・老人農園・レクリエーション農園・ファミリー農園・アグリパーク・クラインガルテンなど、入園対象者や設立目的等を反映して、設置者によりさまざまな命名がなされている。市民農園の設置者は、主に地方公共団体・農業協同組合・農業者個人の3つに分けられるが、2002年には民間会社やＮＰＯ法人など多様なものによる市民農園の開設が可能となった。

　農林水産省の調べでは市民農園は年々増加の傾向にある(農林水産省 online：joukyou.htm)。とくに、1990年代以降はその増加は著し

く、1993年に1039園（地方公共団体807園、農協217園、農業者15園）で
あったものが、2000年には2512園（1956園、435園、121園）、そして
2003年には2904園（2258園、481園，149園，構造改革特区16園）となっ
ている。2003年には、その面積は、959ヘクタール（152481区画）に
達している。そして、農水省の区分に従うと、都市的地域における
市民農園は2129園を数え、全体の73%となり、また地方別では関
東が1501園と全体の52%を占めている。

　日本で市民農園的な農地利用がなされるようになったのは1965
年頃とされる。制度としてはドイツのクラインガルテンやイギリス
のアロットメントガーデンに影響を受けている[(2)]。ただし、西洋の市
民農園の歴史は日本に比べるとはるかに古いものがあり、アロット
メントガーデンは1887年、クラインガルテンも1919年には法的整
備がなされている（荏開津・津端 1987）。それに比べると、日本の場
合、法的な整備は遅く、特定農地貸付法ができるのは1989年、市
民農園整備促進法が制定されるのは1990年のことである。これに
より、初めて公的に土地所有者が農地を市民に貸し出すことができ
るようになる。

　1990年代以降の傾向として、日帰りを主とする市民農園ととも
に、農村に長期滞在しながら農園を利用する滞在型市民農園が登場
してくる。それはとくにドイツに倣いクラインガルテンとも呼ばれ
ている。そうしたことは、都市と農村との交流による地域振興や環
境保全の活動と呼応しており、また棚田オーナー制といった発想と
も繋がっている。

　1990年に市民農園整備促進法が制定される以前は、農地法によ
り農地利用は厳しく制限されており、農業者以外の他人に貸し出す
ことは基本的に禁止されていた。公有地を利用し入園者側の権利が
広く認められているドイツや古くからの伝統があるイギリスの市民
農園に比べると、1990年以降も日本の市民農園には課題が多く（樋

口、1998）、今後市民農園が市民活動として大きな意味を持ってこようとするときに大きな障害となってくる（後述）。

(2) 熊本の市民農園

　農業との関わりから見ると、日本の中核都市のなかにあって熊本市は興味深い特徴を持つ。熊本市は2000年現在人口66万人を擁し、近世以前には城下町として、近代以降においては軍都として発展してきた。現在でも九州では福岡・北九州に次ぐ人口規模を有し、中九州において独自の経済圏を形成する。

　そうした都市的性格の反面、農業都市としての性格も併せ持つ。県民180万人のうち70万人近くが熊本市に集まっていることを見ても分かるように、県内は熊本に一極集中している。そのため、市街地は広大な農業地帯に囲まれ景観上独立性の高い都市となっている。また、その内部にも多くの農村的雰囲気を有する。全国3232市町村のなかで、専業農家数1959人は全国1位（九州1位）にあり、また農業粗生産額は豊橋市などに次いで第6位（九州2位）にある（熊本市 online：ranking.html）。そうした都市と農との近しい関係というものが、熊本の都市としてのひとつの大きな特徴といえよう。

　そうした農業都市としての性格を持つ熊本市では、遊休（放棄）農地の問題が年々深刻になってきている。1995年農業センサスによれば、九州農政局管内（九州7県）における放棄農地の総面積は25506haあり、放棄率は全耕地の5％に達している。九州において都市部に耕作放棄地を所有する農家にたいしておこなったアンケート調査（九州農政局 1999）によれば、所有耕地に占める遊休地の割合は田の26％、畑の53％、樹園地の45％に達している。農地が遊休化される理由としては、後継者不足・高齢化（27.1％）が米の生産調整（27.0％）を抑えて第1位となっている。そうした都市内部における遊休農地の対策として、市民農園は行政により近年とみに注目さ

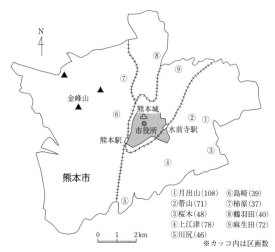

①月出山(108)　⑥島崎(39)
②帯山(71)　⑦柿原(37)
③桜木(48)　⑧鶴羽田(40)
④上江津(78)　⑨麻生田(72)
⑤川尻(46)
※カッコ内は区画数

図1-2-1　市民農園の分布（熊本市、2000年4月現在）

れている。

　そうした都市内農地を取り巻く社会状況を背景に、全国的にみて熊本市は中核都市のなかではもっとも広大な市民農園を持つといわれている。1989年から1998年までの10年間をみてみると、年度毎に多少の変動はあるものの、市営のものだけでもほぼ500区画前後の市民農園が毎年用意されている。もっとも多かった1997年度には約700区画に達したが、それは1996年度まで応募者が年々増加し落選者が多くなってきたことへの市側の対応である。なお、2000年4月現在における熊本市の市民農園は、図1-2-1に示したように、9地区、計571区画ある。

　熊本市の市民農園（現在、市では「ファミリー農園」と呼称）の場合、1区画が15㎡（1地区だけ1区画30㎡）で、2000年現在年間の賃貸料が5000円である。応募資格は、熊本市に居住し農地を所有しない人（1世帯につき1か所）とされる。賃貸期間は1年（4月1日から翌年3月10日まで）が基本で、3年間（1998年までは2年間）まで延長ができること

になっている。

　今回調査対象としたのは、熊本市の東部、月出地区（現、東区月出）にある月出山農園である。月出山農園は、108 区画あり、熊本市の市民農園の中ではもっとも区画数が多い。農園の周辺は 1960 年代後半になって急速に市街地化が進んだ新興住宅地で、隣接して小学校や県立大学がある文教地区でもある。

3　市民農園における農

（1）市民農園に集う人びと

　本研究にあたって、まず熊本市農業政策課の協力のもと月出山農園の 2000 年度入園者にアンケート調査を実施し、それをもとに農園での作業観察と個別の聞き取り調査をおこなった。月出山農園 108 区画を対象としたアンケートの回答者は 61 人である。権利を放棄している人および 1 人で 2 区画借りている人が複数いることを考えると、回答率は 60％を超える。

　月出山農園の入園者（アンケート回答者）は、男性 41 人に対して女性 20 人となっている。その年齢構成は表 1-2-1 に示すとおりである。このアンケートによる男女比および年齢構成比は、市の入園者記録をもとにした結果とほぼ一致している。

　全体としてみると、月出山農園の利用者は 60 歳以上のいわゆる高齢者が多い（61 人中 36 人）。これは月出山に限らず全国的な傾向でもある。それは、高

写真 1-2-1　月出山市民農園（熊本市）

表1-2-1　月出山市民農園の入園者—2000年アンケート調査より—

	70代	60代	50代	40代	30代	20代	計
男性	10	18	4	8	0	0	41
女性	4	4	5	4	2	1	20
合計	14	22	6	12	2	1	61
市資料*1	48*2		17	29	14	0	108

　＊1：熊本市農業経営課地域振興係の1998年資料
　＊2：60歳超（70代含む）

齢者ほど身近に土や緑とふれあうことのできる市民農園が魅力ある
余暇活動として位置づけられているからであろう（三宅ほか 1997）。

　ただし、だからといって、市民農園は高齢者にしか魅力がないわけ
ではない。男女別の年齢構成比をみると面白いことに気がつく。
たしかに、男性の場合は圧倒的に60代以上の人（41人中28人）が多
いといえる。それは、市民農園の申し込み動機において、定年退職
をあげた人（41人中14人）が多いことと関係する。

　それに対して、女性の場合は20代から70代までほぼまんべんなく
分布し、かつ大きな偏りは見られない。女性の多くが職業を主婦
（20人中13人）と答えていることを考え合わせると、女性の場合は、
男性における定年退職のような人生の節目を契機にするというより
も、家事労働の合間をみて市民農園をおこなっている様子が読みと
れる。また、申し込み動機において、家族や子供に安全な野菜を食
べさせたい（女性の動機のなかではもっとも多い回答）という、いわば
主婦としての動機が目立つこととも関係しているといえよう。さら
にいうと、環境問題への身近なアプローチとして、農への関心は女
性を中心に若い世代にも広がってきている（後述）。

　九州農政局が1998年におこなった調査によると、九州内の都市
住民のうち54.4％が市民農園を利用したいと考えているにもかかわ
らず、実際に利用したことがある人は10％（現利用者2％を含む）に

すぎない（九州農政局 2000）。そうしたことは、高齢者以外の人たちが市民農園を実際に利用しようとするときには用地の確保以外にも社会的環境の整備など、これから解決されなくてはならない問題が多くあることを物語っている。

（2）市民農園の暦―1日、1年―

　市民農園は基本的に1年契約である。入園が許可されると、まず4月に入園式がおこなわれる（ちなみに退園式はない）。そのとき、市の担当者（農業政策課）から「市民農園入園者規約」が渡され、農園利用上の説明を受ける。その時点から1年間が農園を利用することができる期間ということになる。

　あくまで公式には4月から翌年3月までしか農園は利用できず、市に戻すときには作物はすべて撤去し、きれいに整地しておかなくてはならない。つまり、年度をまたいで作物を栽培したり、撤去不能な構造物を区画内に作ることはできない。同じ区画を最長3年間借りることができるが、その場合も1年ごとの更新となるため基本は3月にはきれいに整地しておかなくてはならないとされる。したがって、市民農園の暦は年度ごとに完全にリセットされることになる。この点が市民農園の暦にみる大きな特徴といってよい。

　こうした特徴を持つ市民農園で入園者はいかに時を過ごしているのか、その実態をみていくことにする。次章に掲げる表1-3-1（86頁）は、市民農園歴8年のM氏（70代無職男性、年金生活者）が記録した農園日誌およびそれに基づく聞き書きから作成した作業暦である。農事や季節の営みに合わせて市民農園に通う様子がよく分かる。1年のうちに植付け・播種が集中する時期が2回（4〜6月、9〜10月）あり、そのときがもっとも頻繁に農園に通っている。反面、日差しの強い真夏や霜の立つ真冬には農園にはあまり行かなくなる。また、当然であるが、賃貸契約の変わり目にあたる3月には、

農園利用について大きな断絶ができている。

　次に、アンケートにより、市民農園へ通う頻度をみてみると、週
2回（22人）という人がもっとも多く、ついで週1回（19人）、週3回
（11人）、週1回未満（4人）と続く。農園に通う回数は週2回以下とい
うのが全体の67％を占める。ただし、なかには70代男性のように
毎日朝と夕に通うという人もおり、それを含め週5回以上は4人（男
性3、女性1）いる。そうした頻繁に農園に通う人は、男性の場合に
は定年退職後の健康管理をかねてということが多く、女性の場合は
無農薬・有機栽培に熱心な40代の女性であった。

　農園に通う時間帯としては、もっとも多いのが午前9時から10時
というものである。ついで夕方4時から5時となる。もちろん、朝
と夕の2回来るという人もいる。また、夏場は早朝（朝6時前後）に
散歩がてら行くという人も多くみられた。

　滞在時間は、30分から1時間未満というのがもっとも多く28人
を数える。そのほか、30分未満が12人、1時間から2時間未満が13
人となっており、ほとんどの人が1回の滞在時間が2時間未満であ
る。しかも、1時間未満が全体の66％を占めている。そうしたこと
から、入園者の多くは朝夕の食前または食後のちょっとした空き時
間を利用して市民農園に通っている様子がうかがえる。

　このとき、注意すべきは、入園者がおこなう市民農園以外の趣味
的活動についてである。アンケートによる趣味的活動（ボランティア
を含む）についての問いには、「している」29人に対して、「してい
ない（無記入含む）」は30人である。ほぼ拮抗しているが、していな
い人の内訳をみると有職者（パート含む）が13人いる。そこで、有職
者を除いた数で比較すると、趣味的活動をしている人は26に対し
て、していない人は17となる。多くの人が市民農園と並行して習
い事やボランティアといったことをしていることが分かる。そうし
た趣味的活動に通う頻度は、どれも週1回から3回程度である。

　市民農園歴1年目のK氏（40代主婦）の場合をみてみると、週1回のフラワーアレンジメントと月1回程度の美術館ボランティアをおこなっている。そのため、市民農園に行くのはそうした趣味的活動の合間である。しかも夫や子供（小学生2人）が休日となる土・日曜日には市民農園に行かない。つまり、K氏個人にとって市民農園への通園は他の趣味的活動や家族の休日とのかねあいから割り出された1週間単位の生活周期に沿った余暇活動であるといえる。[6]

　このように、入園者の多くは、曜日や時間が重ならないように工夫して、市民農園と他の趣味的活動の両立をはかっていること、およびそれは1週間単位の生活周期で組み立てられていることがわかる。また、市民農園に通う朝と夕というのは、他の趣味的活動と重ならない時間帯にあるといえる。その意味で、市民農園は他の余暇活動と並立しやすいという特徴を有する。

（3）市民農園で栽培するもの

　アンケートでは1年間（2000年度）に栽培した作物をすべてあげてもらった。回答者61人があげた作物は大きく野菜・花・ハーブに類別される。その数は、野菜509、花51、ハーブ25となっている。[7]この結果からは、野菜が圧倒的に多く栽培されていることが分かる。1人当たりの栽培数を計算すると、野菜は8.3種、花は0.8種、ハーブは0.4種となる。

　このとき注意しなくてはならないことは、野菜を栽培しなかった人は1人もいないことである。もっとも少ない人でも3種は栽培している。こうした野菜に対して、花やハーブは植える人がかなり限定されている。花は61人中17人、ハーブは11人しか栽培していない。栽培した人のみでみてみると、1人当たり花が3.0種、ハーブは2.3種となる。

　そうした3つの作物をどのように組み合わせて栽培しているかを

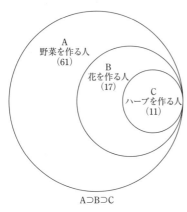

図1-2-2　市民農園における作物と栽培者の
　　　　　関係—野菜・花・ハーブ—

みてみると、以下のことが分かる。

①ハーブを作る人は必ず花を作り、さらに野菜も栽培してる。

②花を作る人は必ず野菜を栽培しているが、ハーブを作っているとは限らない。

③野菜を栽培する人は必ずしも花やハーブを作るとは限らない。

　つまり、市民農園においては、栽培作物は野菜を基本として、そこに花を加える人があり、またさらにその組み合わせにハーブを加える人がいる。

　以上のことからいって、市民農園における作物と栽培者の関係は、図1-2-2に示すような包含関係にあることが分かる。

　栽培作物について、男女の違いを見てみると、まず目に付くのはその数（野菜・花・ハーブの合計数）である。女性は平均で13.1種の作物を栽培するのに対して、男性は7.9種に過ぎない。また、もう少し細かく見ていくと、ハーブを作るのはほぼ女性に限られ（11人中9人）、また花を栽培するのも女性が多い（17人中11人）。裏返せば、男性は野菜作りに特化する傾向があるといえる。それに対して、女性は野菜に限らず、花やハーブといったものも作物の種類に組み込み、より広範で多様な栽培形態になっているといえる。

　次に、野菜についてもう少し詳しくみていく。市民農園に栽培される野菜は40種に及ぶ。平均すると1人当たりの栽培数は9種弱になる。なかにはわずか1区画15㎡のなかに31種を栽培していた人がいる。その人はできるだけ多くの季節野菜を栽培したいと考え、

区画を細分して何種類もの野菜を同時に植え、かつ旬を過ぎるとすぐに他の作物に転換していった結果そうなったという。

　栽培する人が多い野菜のベスト10は以下の通りである（カッコ内は人数）。①ダイコン−ハツカダイコン含む−(48)、②トマト−ミニトマト含む−(33)、③キュウリ(31)、④ナス(26)、⑤サトイモ(24)、⑥ジャガイモ(20)、⑦エンドウマメ(16)、ホウレンソウ(16)、⑧ピーマン−パプリカ含む−(15)、⑨ネギ(13)、⑩コマツナ(10)、ヒトモジ(10)。

　種類としては、全国的に一般的な野菜で、日常食によく用いられるものがほとんどである。その中にあってヒトモジは熊本独特の野菜といえる。2009年には熊本県により「くまもとふるさと伝統野菜」15品目の一つに選定されている。ユリ科ネギ属の一種で、別名をグルグルといい、熊本の郷土料理（料理名もグルグル）に用いられる。

　そして、もうひとつ、栽培される野菜の特徴としては、一年草がほとんどであるという点にある。市民農園の場合は4月から借りて翌年3月には地上には何も残さないようにして市に戻す必要があるため、多年草は植えることができない。この点は、花やハーブにも同じことが言え、とくに花の場合は植えられるものがかなり限られてしまうことになる。このことは、市民農園の利用者が持つ不満の一つとして多く聞かれる。

　上記の野菜を作った理由としては、「作りやすさ」をあげる回答が圧倒的に多かった(61人中45人)。具体的には、初心者でも簡単に作れる(17)、手間がかからない(11)、失敗なく収穫が見込める(7)、病害虫に強い(6)、無農薬でもできる(4)が、「作りやすさ」の内容として示されている（カッコ内は人数）。そのため、一般に病害虫に弱いとされる葉もの野菜は市民農園では人気のない野菜となっている。次いで多い栽培理由は、「自分が食べたいから」(7)、「健康によいから」(4)というもので、自分の嗜好が作りやすさの次に

重視されている。

　また、花について見てみると、市民農園では合計28種が栽培されていたが、その中でもっとも多くの人に栽培されていたのはキクとヒマワリである。キクが17人中9人、ヒマワリが6人である。それ以外の花はみな1～3人が作っているにすぎない。

　注目されるのはキクである。花の場合、家に持ち帰り飾るという人（17人中14人）がほとんどであるが、そのときキクは仏壇の花として先祖に供えるために作っているとする人が9人中4人もいた。なかには、市民農園をやっていて良かったこととして、自分で作ったキクを母の仏前に供えることができたことをあげる60代女性のような人もいる。それと対照的なのがヒマワリである。これは家に持ち帰るというよりは農園にそのまま咲かせておき、農園に行ったとき見て楽しむものである。つまり、野菜中心の農園を華やかにするためのものであり、農園の花壇的利用のひとつとして位置づけられる。

　では、こうして市民農園で栽培された作物は収穫後どのように処理されているのだろうか。野菜の場合には、圧倒的に多いのが、「自家で食べる」というものである。61人中59人を数える。続いて、「友人・近所にあげる」というのが45人、「娘や息子など親族にあげる」が8人、「農園の人と交換する」が2人となっている。また、花の場合には、「家に飾る」が17人中12人、「仏壇に供える」が4人、「友人・近所にあげる」4人、「農園にそのままおいておく」2人となっている。

　野菜の場合には、ほとんどの人が、自分で食べることを基本にしつつ、親族・友人・近所および他の入園者に贈ることを収穫物の主要な処理法にあげている。しかも、贈る側では、無農薬・有機栽培の手作り野菜だからこそ人にあげても喜んでもらえると考えている。「市民農園をやっていて良かったこと」の回答として、収穫物

を人にあげて感謝されたことが第5番目に上がっているように、収穫物を介しての交流が市民農園を続ける上で大きな意味を持っていることがうかがえる。

(4) 市民農園の土地利用

　市民農園ではわずか15㎡の区画の中に何種類もの作物が栽培されていたことは先に示したとおりであるが、実際に農園の景観をみてみるとそれはいっそう明瞭となる。図1-2-3は2000年に耕作されていた5区画の土地利用を示したものだが、どれをみても区画内部が細かく分割されて、野菜や花が何種類も同時に栽培されていることが分かる。しかも、そうした土地利用のあり方は、たえず絵柄を変えていくモザイク画の様相を呈している。7月6日と10月26日における土地利用の変化に注目してみると、図1-2-3のNo.2やNo.67、No.108では、4ヶ月弱の間に作物の種類だけでなく区画内部の分割（畝だて）の仕方まで大きく変化していることが分かる。さらにいうと、そうした変化は一度になされたものではなく、ひとつの作物が収穫されるとその部分だけが耕されて違った作物が植えられていくというように少しずつ進行していく。

　そうした刻々と変化するモザイク画のような土地利用をみると、市民農園の農は非常に自由で個性的な発想のもとにあることがわかる。たとえば、No.103は、まっすぐな畝が多いなか、ジグザグ（S字状）の畝を考案している。できるだけ長い畝ができる（多くの作物を植えられる）ようにという発想である。また、No.97は、区画を細分化する工夫のひとつとしてプランターや植木鉢を用いているが、それは同時に隣接区画との仕切にもなっている。このほかにも、No.67は、区画全体を一面に耕したあと、作物毎の畝を作ることなく、思うがままさまざまな作物が植えられており、一見するとあたかも混作されたかのような状態である。

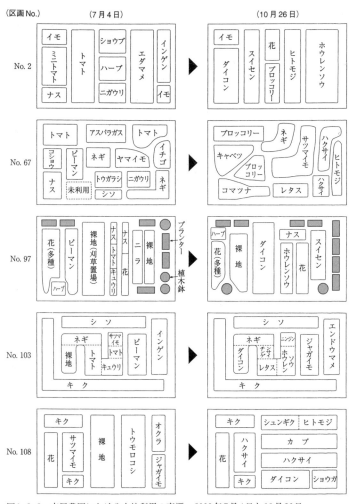

図1-2-3　市民農園における土地利用の変遷—2000年7月4日と10月26日—

写真1-2-2　さまざまな土地利用(1)　　同(2)

同(3)　　　　　　　　　　　　同(4)

　市民農園では、区画内部を小面積に細分することにより、多くの作物をその時期・季節に応じて作り回している。そこには、たとえば畝だての仕方や畝自体の有無にもこだわらない自由な発想・工夫がある。ただしそうした自由な発想・工夫が、栽培上有効に作用しているかどうかは確かではない。むしろ栽培効率やコストの点ではまったく間尺に合わないものだと考えられる(後述)。

　そうした自由な発想に満ちた土地利用の結果、市民農園は入園者各自の個性を反映した箱庭的な景観を作り出している。実際、7月6日および10月26日の観察の結果、108区画の中でひとつとして同じ景観(土地利用)を示すものはなかった。誰が作っても同様なものができることが現代における農業技術であり、それを保障する場が農地であるとするなら、市民農園はもはや農地ではない。

　また、箱庭的に多くの作物が作り回されることで市民農園は、より明確にまた豊かに季節感を示すものとなりえた。しかもそれは個

性を持った季節感である。市民農園では人とは違った季節の感じ方
ができるといってよい。入園者の一人が語ったように、まさにその
家にとって「季節は市民農園からやってくる」ことになる。

(5) 市民農園の技術的背景

　アンケートで農業経験(市民農園以前)の有無について問うたと
き、「なし」30人、「少しあり」28人、「あり」2人であった。ただし、
「少しあり」と答えた人の経験内容は、親(実家)が農家であったと
するものが20人、次いで太平洋戦争中の勤労奉仕をあげる人が4人
いた。また、「あり」と答えた人も市民農園の経験が多年に及んで
いることをいうものであった。つまり、農業経験といってもその程
度のものであり、入園者本人が生業として農業を営んできた人は入
園者にはいない。

　そうした入園者が農業に関する知識をどこから得たかについて
は、①市民農園で出会う人に聞く(36)、②本-園芸書や種袋の解説-
を読む(31)、③経験者に聞く(21)、④自己の農業体験(6)、⑤その
他-市の講習会など-(2)となっている(カッコ内人数)。

　ここで注目すべきは、「市民農園で出会う人に聞く」という回答
がもっとも多かったことである。おそらく③でいう「経験者」と
は、やはり市民農園を長く続けている人を相当数含んでいると考え
られ、①の回答数はさらに多くなると思われる。市民農園ではそう
した教えたり教わったりということを通して、入園者間の交流は活
発になっていく(後述)。

　また、「市民農園で出会う人に聞く」と答えた人は、同時に「本を
読む」をあげることが多かった。初入園の場合、まずは自分で本
(園芸書)を参考にしながら農作業を始めるが、そのうち他の入園者
と顔見知りになることでさまざまな情報を交換するようになる。そ
うした情報は、農業技術一般だけでなく、園芸書では得ることので

きない月出山農園特有のこと（陽当たりや水はけといった自然的な特性だけでなく、水道や駐車場の利用といった農園ごとの慣行ルール）に及ぶ。顔を合わせた入園者がどちらともなく挨拶を交わす光景は日常的に目にすることができた。そうしたときに、互いの作物の出来映えを話し合ったり、また入園歴に差がある場合には経験の深い方が新顔にいろいろと世話を焼くこともある。

　K氏（40代、主婦）が2000年にはじめて市民農園を借りたときには、4月はじめに土を鍬で起こしていると、経験深い入園者がK氏の区画を見に来てはいろいろと世話を焼いてくれたという。たとえば、初めて土を起こしたときには石灰で土を消毒してから何か植えた方がいいこと、以前その区画で作っていたものはしばらく避けた方がいいこと（連作障害を避けるため）といった作物を作る上でのアドバイスから、水場の使い方、ゴミの処理の仕方といった月出山市民農園における暗黙のルールといったことを教えられた。

　ただし、決してルールを押しつけるのではなく、あくまで世間話の延長として教えられるものであり、その後自分の判断で教えられたことを変えても何ら責められたりすることはないという。むしろ慣れてくるにしたがい、入園者間の会話は互いの情報交換に変わっていくことが多い。とくに、農業技術に関しては、経験の深浅こそあれ、もともと入園者間にはそれほどの技術差があるわけではないため、一方的に相手に教授したりまた逆にされたりすることはない。

　なお、4月入園式の時に市から渡される「市民農園入園者規約」（A4判1枚）には、入園期間や入園料の規定とともに、第4項「栽培作物・農作業については、農園開設者の指示に従うこと」および、第5項「入園に際しては、他に迷惑を及ぼす次の行為（第三者の入園、長期の管理放棄、工作物の設置、騒音・異臭の発生、営利行為など）はおこなわない」という条項がある。しかし、それはいわば熊本市の市民

農園 9 地区すべてに共通することであり、市有物を利用するときの原則 (建前) にすぎない。実際に月出山市民農園で農作業をおこなうには入園者間で了解される暗黙の事項 (「市民農園利用者規約」に反することでも入園者間の了解事項なら黙認されることも多い) が大きな意味を持っており、それを得るための入園者間のコミュニケーションは必要不可欠なことであるといえる。

(6) 市民農園で使われるもの─肥料・農薬・種苗・農具─

　肥料については、アンケートによると、購入するという人が55人 (男37, 女18) に対して、自分で作るという人は18人いた。自分で作るとは、家庭ででる生ゴミや収穫した野菜の非可食部を利用して堆肥を作るものである。堆肥作りには、コンポストを使ったり、購入したボカシ (生ゴミを堆肥化する微生物) を利用する人もいる。男女の割合でいうと、生ゴミ利用の堆肥を作るとした人は、女性の場合は20人中9人であるのに対して、男性の場合は41人中9人である。明らかに女性の方が自分で作る有機肥料にこだわりを持っている人が多い。

　なかには50代女性のように、家庭から出る生ゴミと米糠だけを利用して肥料を完全に自給している人もいる。ただし、そうした人は少数であり、60代男性のように当初は生ゴミで作る堆肥だけで頑張ろうと思っていても、作物が思うようにできないため市販の肥料を併用するようになったという人は多い。そうしたとき、購入肥料はできるだけ油粕や鶏糞のような有機質のものを使うとする人がほとんどである。化学肥料に対してはみな一様に忌避する感覚があり、使う人でも最小限にとどめている。

　農薬については、市の建前として使用を極力控えることになっている (一律に禁止というわけではない)。また、そうした市の建前に関わらず、いっさい農薬は使用しないという人は多く、そうした人は

有機肥料とともに無農薬栽培に強いこだわりを持っている。ただし、他の人に迷惑をかけない程度なら殺菌剤や殺虫剤の使用は入園者間では黙認されており、実際にそれらを使用する人は存在する。そうした場合も、使用する殺虫剤・殺菌剤はホームセンターなどで家庭園芸用に販売されている毒性の弱いものが主で、しかも使用するのは病気や虫が現に発生してからである。除草剤のような予防的な農薬を使う人は市民農園の場合ほとんどいないといってよい。

　種苗については、そのほとんどを購入に頼っている。野菜の場合、ヒトモジを株分けしたりダイコンの種子を取って使うという人がいるが、それは例外的である。それに比べると、花の場合は種子や球根をとって、それをまた来年も使うという人は比較的多い。種苗を購入する場合、昔からある種屋や農業協同組合ではなく、ホームセンターの園芸コーナーを利用する人がほとんどである。そうしたところで購入する種子は小さな定型の種袋に入っており、そこには播種の手順・施肥法・消毒の仕方など簡単な解説が印刷されている。それを栽培の手引きにしている人は多い。

　市民農園で用いられている農具の構成は非常に単純である。しかも、すべて手作業用の農具が基本である。平鍬、移植ごて、園芸ばさみ、じょうろ、バケツ、草刈り鎌。これは、市民農園1年目のK氏（40代、主婦）が使った農具のすべてである。このほか、少し経験のある人が使う道具として、スコップと三本鍬があるくらいである。ほとんどの入園者は上記の農具しかもっていない。耕具として鋤を持つ人はほとんどいない。当然、耕耘機・脱穀機など農機具を使う人もいない。市民農園で用いられる農具の特徴は、鍬と鎌のほかには農耕に特化した道具はみられないことである。移植ごてにしろじょうろにしろ、それは家庭における日常生活の中で用いられているものである。

　以上みてきたように、市民農園で使用される肥料・農薬・種苗・

農具は、肥料の一部を除いてはそのほとんどを購入に頼っている。しかも、購入する先はＪＡや種屋・農機具店といった専門店ではなく、生活用具一般を扱うホームセンターが主となる。熊本市の場合、市街地周辺部の新興住宅地には広い駐車場を備えた郊外型ホームセンターが多数できている。しかも、そうしたホームセンターの所在地は、図1-2-1に示した市民農園の分布とほぼ重なっている。

　ホームセンターには現在ほとんどの店に園芸コーナーが設けられている。そこに行けば、市民農園で必要とするすべてのものが手にはいるようになっている。また反対にいえば、そうしたホームセンターで入手できないようなもの（専門的用具・資材）は、市民農園では基本的に必要とされないものである。

　K氏の場合は、そうしたホームセンターが自宅（熊本市東町：現、東区東町）の近くに1か所と月出山農園へ行く途中に1か所存在し、実際そのどちらかで必要なものはすべて購入している。そう考えると、ホームセンターの存在は都市生活者が市民農園をおこなう上で不可欠な存在であるといえる。

4　市民農園の志向するもの

（1）人びとは市民農園になにを求めるのか
　熊本市は市民農園設置の目的として「野菜や花などの栽培を通して、土に親しみ、収穫の喜びを感じ、食の大切さや農業への理解を深める」ことを募集案内（2000年度）にうたっている。では、実際のところ人びとは市民農園になにを求めているのだろうか。市民農園に申し込んだ動機をアンケート結果から考察してみると、男女別のベスト3は以下の通りである（複数回答、カッコ内は人数）。
【男性】：①健康のため（22）、②定年退職したから（14）、②作物を作る喜びを得るため（14）、③安全で新鮮な野菜がほしいから（12）

【女性】：①安全で新鮮な野菜がほしいから(12)、②趣味・生き甲斐(8)、③作物を作る喜びを得るため(7)、③健康のため(7)

　このほか、男性では、趣味・生き甲斐(10)、ストレス解消(5)、人とのコミュニケーション(2)、子供の教育(2)。女性では、定年退職(2)、ストレス解消(2)、子供の教育(2)、農体験へのあこがれ(2)が申し込み動機としてあげられている。

　こうしてみると、申し込み動機については、いくつかの点で男女の違いが明瞭である。男性の場合、動機として目立つのは、定年退職をしたからというもので、これは女性では少ない。同様に、健康のためという回答も、男性の方に多い。男性の場合、41人中22人がそれをあげており、動機としては1位になっている。そうしたときも定年退職後の健康維持という意味合いが大きく、実際にそのような回答も目立った。

　また、安全で新鮮な野菜がほしいからという回答（男性3位、女性1位）は男女ともに高いものがあるが、とくに女性は全回答者の60％（男性29％）がこの理由をあげている。この場合の「安全」とは無農薬・有機栽培を意味していることが多い。なかには、子供がアトピーなので安全な野菜を自分で作り食べさせたいとする答えもあり、男性に比べると女性の場合は親としてまた家族の健康を管理する主婦として、こうした安全な食物への関心は切実である。

　このほか動機として、趣味や作物を作る喜びをあげる人は男女ともに多い。都市に生活しつつ自然とのふれあいを市民農園に求め、それを生き甲斐や趣味にしたいと考えている人の多いことがわかる。また、数としては多くないが男性の中に、農園におけるコミュニケーションを申し込み動機としてあげる人がいることが注目される。この点について、女性ではそうした回答は皆無である点は興味深い。とくに男性の場合、定年退職後は女性以上に他者とのコミュニケーションを自から進んで求めていかなくてはならないと感じて

いるのであろう。

　つぎに、「実際に市民農園をやってみて良かったこと」という質問については以下のような答えが多かった。

①作物を作る喜びを感じたこと（収穫の喜び、生長を見る喜び、土に触れる喜び、植物の生命力を実感できること）44人

②健康に良かったこと（ストレス解消、運動になること、良い汗をかくこと、ぼけ防止、気が晴れること）27人

③入園者同士のふれあいがあること（挨拶を交わすこと、作り方を教えてもらうこと、親しい友人ができたこと）19人

④安全で新鮮な野菜が手に入ること（無農薬野菜が食べられること、家族に食べさせてやれること）14人

⑤収穫物を人にあげて喜ばれたこと（隣近所に配ること、友人にあげること、離れて暮らす親族に送ること、入園者同士で交換すること）6人

　ここで興味深いのは、「入園者同士のふれあい」という回答が第3位（61人中19人）にあげられていることである。この点は、先に示した市民農園申し込みの動機では61人中2人とごく少なく、申し込み段階では入園者同士のふれあいはほとんど期待されていなかったことを示している。つまり、実際に市民農園をやってみて良かったこととしてあげられる第1位の「作物を作る喜び」や第2位の「健康に良い」という回答が、同時に申し込みの動機においても上位にランクされていたこととは明らかに様相を異にする。

　入園者同士の交流は入園してみて初めて感じたことであり、いわば予想外の喜びである。40代女性はいつも農園で会う人と2時間近く立ち話をしてしまうというし、たとえ名前は知らなくてもほとんどの人は挨拶とともに簡単な会話を交わしたり、互いの区画を訪問しあったりしている。

　こうした入園者間の交流とともに、入園者以外との交流（第5位の「収穫物を人にあげて喜ばれる」という回答）も合わせて考えると、入園

者の過半数が他者とのふれあいに市民農園がなんらかの寄与をしていると考えていることは重要である。実際、この点は市民農園を続ける動機として大きな意味を持っていた。

　さらには、市民農園をめぐる技術のあり方（後述）にもそうしたことは関係しており、市民農園を提供する行政側の意図を越えて市民の意識レベルで市民農園の存在を支えるもととなっている。

(2) 経済性では計れないもの―プロ化しないことの意味―

　市民農園の経済性を検討するために、まず K 氏（40代、主婦）がつけていた市民農園記録（家計簿を兼用）をみてみよう。

　表1-2-2はその記録から市民農園にかかる支出（種苗購入費のみ）を抜き出したものである。2000年度に購入した種苗は、野菜9種、花6種、ハーブ5種である。それらの購入に要した金額は合計5925円である。ただし、2000年度に植付け・播種した種苗は購入したものがすべてではない。市民農園記録に記載されている植付け・播

表1-2-2　市民農園の家計簿―2000年4月1日から2001年3月31日まで―

月日	購入した種苗（金額）
5. 1	ダイズ 200 円，オクラ 300 円，シソ 100 円（@ 50 × 2）
5. 2	タイム 300 円（@ 150 × 2），レモングラス 200 円（@ 100 × 2），ナス 360 円（@ 180 × 2），ピーマン 240 円（180・60），ミニトマト 180 円，アスパラガス 480 円
5. 8	マトリカリア 100 円，マリーゴールド 100 円，バジル 250 円，ミント 250 円
5.19	ラベンダー 480 円（@ 180 × 3），タカノツメ 200 円（@ 100 × 2）
6.12	ダールベルグ 200 円（@ 100 × 2），デージー 400 円（@ 200 × 2）
11. 6	ビオラ 792 円（@ 198 × 4），クロッカス 495 円（200・295），アサツキ 298 円

※K氏の「市民農園記録」をもとに作製

表1-2-3 市民農園の収穫記録─2000年4月1日〜2001年3月31日─

月日	収穫物（収穫量）
5. 29	シソ5枚
6. 5	チャイブ10本，レモングラス3本
6. 19	シソ5枚，チャイブ8本
6. 23	ミニトマト3個，ピーマン2個，シソ3枚，チャイブ10本，レモングラス5本，ルッコラ少々
6. 29	ミニトマト3個，シソ6枚，レモングラス5本
7. 5	ミニトマト1個，ピーマン2個，シソ3枚，ルッコラ少々，チャイブ少々
7. 13	ミニトマト4個
7. 27	ピーマン2個，シソ6枚
9. 4	ピーマン5個，ヒマワリ1本，チャイブ少々，ルッコラ少々
9. 18	シソ10枚，シソの花5本，ヒマワリ2本，レモングラス2本
9. 29	タカノツメ少々，レモングラス3本
10. 11	綿花（装飾用）7本，おもちゃカボチャ（装飾用）1個，マリーゴールド数本
10. 22	レモングラス5本
1. 10	ビオラ数本
1. 22	アサツキ5本
2. 10	アサツキ3本
2. 15	アサツキ3本
3. 4	アサツキ4本，クロッカス数個，ビオラ数本
3. 11	アサツキ10本，レモングラス20本

※K氏の「市民農園記録」をもとに作製

種は、野菜10種、花10種、ハーブ7種ある。ということは、野菜1種、花4種、ハーブ2種は、それ以前に買って持っていたり市民農園で他の入園者から貰ったりした種苗である。

　このほか、K氏が市民農園を始めるにあたっては、以下の費用が必要であった。市民農園の入園料5000円(2.27支出)。市民農園用の農具として購入した小型の鍬980円とじょうろ598円(4.10支出)。ただし、移植ごて・支柱・軍手などはそれまでに使っていたものを利用している。また、肥料(油粕)や石灰も庭やベランダのプランター用に買っておいたものを利用している。そのため、それらは2000年度の家計簿にはでてこない。なお、K氏は農薬と化学肥料はいっさい使っていない。

　以上のように、市民農園にかかった費用は、種苗代5925円、道具(新規購入品のみ)代1578円、入園料(1年間)5000円、以上合計12503円である。ただし、そのなかには、市民農園を始める前に購入していた種苗・道具・肥料といったものは含まれていない。また、手続きのために市民センターや市役所へ行ったときの交通費も含んでいない。ということは、先に示した12503円というのはごく内輪に見積もった金額であると考えてよい。

　そうした支出に対して、収穫されたものはどれだけあったかというと、表1-2-3に示す通りである。野菜が、ミニトマト11個、ピーマン11個、シソ28枚、シソの花5本、タカノツメ少々、アサツキ27本である。これらをスーパーなどで購入すれば全部合わせても1000円もしないであろう。またハーブは、チャイブ約30本・レモングラス約40本・ルッコラ約10本である。これは2000円くらいだろうか。そして花が、ヒマワリ3本、装飾用綿花7本、おもちゃカボチャ1個、マリーゴールド数本、ビオラ数本、クロッカス(球根)数個である。これも2000円もしないであろう。となると、K氏の2000年度における収穫物は、市販品を買えば高く見積もっ

ても5000円もあればすべて入手可能ということになる。

　つまり、市民農園は金銭的な意味での採算は度外視されており、経済性を追求するものでないといえる。この点は改めて強調するまでもないであろう。実際、K氏自身の意識の上でも経済性は度外視されていたといってよく、聞き取り調査において金銭的な損得は語られることはいっさいなかった。このことはアンケート調査でも明白なことであり、市民農園の利用価値として経済性をあげる人は皆無であった。

　ここでもうひとつ注目しておきたいことは、市民農園で栽培される作物は収穫に至らないものが相当数あるという点である。K氏の場合、「市民農園記録」によると、2000年度に27種の植付け・播種をして、収穫まで至ったものは13種しかない。つまり植付け・播種した作物のうち約半数は収穫できずに終わったことになる。

　しかし、これはなにもK氏が技術的に特別未熟であったからではない。月出山農園で8年の市民農園経験を持つM氏においても、氏の記録する農園日誌（第Ⅰ部3章）をみると、2000年9月から2001年8月までの1年間に植付け・播種した作物47種（時期や場所が違えば同じ作物でも2種に勘定する）のなかで、栽培途中で破棄されたものは14種にのぼることがわかる。やはり植付け・播種された作物の3分の1が収穫に至っていない。

　つまり、市民農園をめぐる技術段階は、こと作物の収穫という点においては全体に低く、プロの農業者には比べるべくもないことは明白であろう。むしろ、そうした技術を比べること自体が無意味である。なぜなら、市民農園における農は、生業の範疇を逸脱し、他の趣味的活動と並行しておこなわれる余暇活動のひとつに位置づけられるからである。平均すると週2回しかも1回あたり1時間ほどの作業しかおこなわず、しかも無農薬・有機栽培にこだわれば、植付け・播種した作物がすべて収穫にまで至ると考えることの方がお

かしい。

　市民農園をめぐる農の基本はアマチュアリズムにあるといえる。あえてプロの知識・技術・資材を積極的に導入しようとはしない。必要とする資材はほとんどをホームセンターに頼り、かつ農業の知識や技術についても他の入園者とのコミュニケーションや自己の信条を優先する。市民農園ではむしろ失敗を含めた試行錯誤を楽しんでいるのではないかとさえ思えてくる。

　つまりは、経済性を追求し生産効率を高める方向で市民農園の農は進化したりはしない。あえてプロを目指さずアマチュアのままでいることの方が、都市生活者にとっては市民農園はより有意義な空間となりうるのである。市民農園における農というのは、いわゆる生業とは異なり、現代農業とは別次元に成立するものである。それはまさに現代都市における「もう一つの農」に違いない。

(3) 農園コミュニケーションの意味

　市民農園における「もう一つの農」を支えるものはなにか。それを考えるとき、人が市民農園を申し込む動機つまり事前に予想・期待される市民農園の効用とは異なり、実際に市民農園をやったことではじめて体得されたことが重要な意味をもってくる。なぜなら、申し込みの動機はどれも、プロ化の志向と矛盾するものではないからである。そうした動機をより洗練させていけば、自ずと知識・技術・資材といったものはプロの農業者に近いものを追求してもおかしくない。

　しかし、現実にはそうはならなかったわけで、そうしたとき市民農園の体験を通して獲得されたものが市民農園のアマチュアリズムの志向に大きな影響を与えていたと考えられる。その代表的なものが、市民農園における入園者間のコミュニケーションであると考える。そうしたいわゆる農園コミュニケーションが、民俗技術として

市民農園の「もう一つの農」にとって必要不可欠なものとして認識されたのではなかろうか。

　前述のように、市民農園では、作物の作り方だけでなく農園利用の慣行規則などは、口コミつまり他の入園者との会話のなかで身につけていく部分が大きい。そうしたとき、農園暦や利用パターンが入園者間でほぼ共通していることは重要である。市民農園での滞在時間は1回1時間程度と短いが、朝と夕の時間帯に多くの人が集中する。また、表1-3-1（86頁）に示したように、季節的にも作物の植付け・播種は2つの時期に集中しており、そうした時期はまた入園者も足繁く農園に通う。こうしたことからいって、時間的にも季節的にも、入園者同士が出会う確率は高くなるわけで、このことは入園者間のコミュニケーションが活性化する背景として重要であるといえよう。

　市民農園の場合、入園者は通常同一の地区で農を続けられるのは3年が限度である。その後はもう一度新たに申し込まなくてはならない。そうなると、かならずしも再度当選するとは限らないし、運良く当選しても同じ区画の権利が手に入る確率は低い。その結果、市民農園のメンバーは比較的早いサイクルで交代していってしまう。そうしたとき、市民農園におけるコミュニケーションが、新規入園者にとっては技術的・精神的な支えとなり、より速やかな適応を可能にしているといえる。そうしたことの結果として、他の入園者とのふれあいが市民農園を続けていく上で重要な意味を持ち、かつ大きな喜びとして評価されることになるのであろう。

　市民農園における付き合い（農園コミュニケーション）は、大きく3つの段階に分けることができる。

①挨拶を交わす

②農作物や農園に関する情報交換をする

③種苗や収穫物のやりとり（贈答・交換）をする

①に挙げた「挨拶」は、ほぼすべての人が交わしているといって よい。調査に訪れた筆者も何度となく声をかけられた覚えがある。 見ず知らずの人でも、農園内ですれ違えば必ずといってよいほどに 挨拶を交わす。普通は顔見知りでもない限り道行く人同士が挨拶を 交わすことはないが、農園内でならそれがごく当たり前のこととさ れるのである。

②「情報交換」の段階は、①「挨拶」の延長として、天気の話と同 じくらいに、ごく自然に交わされる会話である。先に見たように、 経験の長短に関わらず作物栽培について入園者は多くの失敗経験を 共有しており、いわば話題は豊富である。基本的に市民農園に集う 人びとは農業者ほど知識や技術を持っているわけではなく、また入 園者間にそれほど技量の差があるわけでもない。そのため、②「情 報交換」は、ごく初期のアドバイスを抜きにすれば、上級者から初 心者へという一方的なかたちでなされることはなく、入園者がそれ ぞれに体験上得た知識のまさに交換となる。作付けのアイデアを互 いに教えあったり、また失敗経験を交換したり、さらには一緒に なって他の区画を見て回ったりすることが中心となる。そのように 農園内では双方向のコミュニケーションが基本となり、より親密な 付き合いに発展することもよくある。

③「贈答・交換」の段階も、①「挨拶」の延長としてごく頻繁におこ なわれることである。自分の播種や植付けが終わると、たまたまそ のとき会った人に余った種子や苗をあげてしまうことはよくある。 そうしたことがおこなわれるのは、市民農園では多品種・少量栽培 が基本となるため、袋（苗の場合は束）単位で購入する種子をひとり で使い切ることができないからである。そうしたとき互いに自分が 持っていない種子や苗を融通し合うことはごく当たり前のこととさ れる。また、それは収穫についても同様なことがいえる。小面積の 栽培とはいえ、いったん収穫期を迎えると、おうおうにして家では

食べきれない収穫量があるため、そうしたときにはやはり立ち話の
ついでに、そうした収穫物をあげたり貰ったりする。

　こうして入園者間で交わされる情報は、けっして素人では実行不
可能なほど高度なものではなく、また他の趣味的活動や家族の休日
とのバランスから編成された生活周期を超える作業量を必要とする
ものでもない。また、それでいて無農薬・有機栽培というこだわり
はほとんどの人が共有している。もちろん頻繁に種苗や収穫物のや
りとりを繰り返していることをみてもわかるように、経済性は度外
視している点も共通する。こうした入園者間のコミュニケーション
の指し示す方向は、すべてアマチュアリズムに通じている。コミュ
ニケーションを重視する姿勢が市民農園の農をアマチュアの域にと
どめていると言い換えることもできよう。

　また、さらにいえば、アマチュアリズムを象徴する無農薬・有機
栽培ということが、収穫物を人に贈っても喜ばれるのだとし、入園
者間の贈答行為をより積極的にさせている。農園コミュニケーショ
ンの活性化にとって市民農園における無農薬・有機栽培の志向はお
おいに寄与しているといえよう。

　そして、こうした付き合いは入園者のほぼ自発的なものである点
に注目したい。市民農園という場は提供するものの、行政が意図し
て入園者間の交流を活性化させるような機会を設けることはない。
市は入園者向けに講習会を年に1度催しているが、そのときには農
業技術の専門家（農業改良普及員）が来て話をするだけで、入園者間
の交流が図られるわけではない。また、そうした市の講習会ではプ
ロ指向の高度な知識や技術が話題とされるが、そうしたことを聞く
よりは、入園者同士が試行錯誤したことを情報交換することの方が
市民農園で作物を作るにははるかに役立っているというのは入園者
の多くの声である。

5　市民農園のこれから

　太平洋戦争以降、農地解放にはじまり、農地法など農業に関する
規制は、都市民と農業とを法的に分断する方向で進んできた。いっ
てみれば、都市民は消費者という役割でしか、法的には農業との関
わりを持てない存在になっている。しかし、かつて都市や都市民が
有していた農との関わりはまた違ったかたちで再生されようとして
いる。そのひとつがここで取り上げた市民農園である。

　本来、農とは地域の自然循環の中に生きることであると説く内山
節は、農のあり方として労働と生活そして接客といったものが分か
ち難く重なり合っているものだという(内山 1997)。まさにそうした
農が、現代においては市民農園として都市内部で展開されているの
である。そう考えるなら、先に見てきたように人びとの交流が重要
な意味をなす「もう一つの農」とは、今は失われてしまったかに見
える「農」本来の姿なのかもしれない。

　「もう一つの農」の担い手の多くは、当然プロの農業者とは一線
を画す都市生活者である。しかし、そうした存在はこれから後、農
業の新たな担い手になる可能性を秘めている。小農を未来の日本農
業の理想像として描く津野幸人は、多様化する現代社会にあって、
農を楽しみ固有の美質を汲み上げるものとして兼業農を積極的に評
価する(津野、1991)。また、そうした農のあり方を第3種兼業農家
と呼び、それを実践する安渓遊地・安渓貴子は「『好き』や『おもし
ろい』に支えられた第3種兼業の試みは、日本の農業の『あさって』
を支える大切な種子のひとつなのかもしれない」と語っている(安
渓 1997)。

　しかし、そうした新たな農の可能性も、現実にはさまざまな問題
がある。本論では直接は取り上げなかったが、市民農園にも多くの

困難な状況が存在する。アンケートにおいて、「市民農園で困った
こと・不満に思ったこと」の回答としてもっとも多かった声は、農
園としての環境に関する問題である。ゴミ捨て場・駐車場の不備や
遠い農園および狭い区画に対する不満など環境整備上の問題が合わ
せると23件あげられている。

　このうち、利用者にとってもっとも根本的で切実な問題と考えら
れるのは、農園の賃借が1年単位でしか認められないことである。
これは現状、日本においては農地所有者との関係から法的に解決の
困難な問題となっている。熊本市の場合、市民農園の用地は、いっ
たん農地所有者から市が借りうけ、それを利用者に又貸しするかた
ちになっている。そのため、相続問題など所有者側の都合により農
地を返さなくてはならないことがある。本章で取り上げた月出山農
園でも、1990年当時、農地所有者が宅地への転用をはかったこと
により、場所を現在のところに移動せざるをえなかった経緯があ
る。そのため、市では長期にわたって同じ場所を市民農園とするこ
とができず、なおかつ入園者にも1年契約でしか貸しだしすること
ができない。そうした問題が解決されなくては、市民農園の利用者
にとって農は一時の思い出に終わってしまうことになろう。

　そうした広い意味での環境が整ってはじめて、市民農園は農を実
感できる場となりえる。熊本市では、現在（2003年）、総区画数が増
えたこともあるが、申込者の数は頭打ちになってきている。しかも
人気のない市民農園では定員に満たないところも出てきた。しかし
それは、市民の嗜好が移ろいやすいためではなく、先に挙げた環境
の不備が入園経験者のリピーター化を阻害し、また新規の申込者が
二の足を踏む原因となっていると考えられる。

　これからの日本の農のあり方を考えるとき、看過することのでき
ない問題だと筆者は思う。なぜなら、アンケート調査において市民
農園を借りて良かったことの回答として、多数の人が農家の苦労を

理解することができたといっているが、こうした人の存在が農本来の営みを理解し、かつ農業者と消費者との意識のギャップを埋める上で大きな役割を果たすと考えるからである。

注

(1) 都市農業は、都市農業振興基本法において「市街地及びその周辺の地域において行われる農業」(農林水産省 online:kihon_hou_aramasi_3.pdf)と定義されるが、本書でいう都市農とは概念を異にする。なお、都市農とは「都市農業の'いいとこどり'」と示唆的な表現もされる(蜂須賀・櫻井 2011)。

(2) 日本の市民農園に相当するドイツのクラインガルテン(kleingarten)は本来「小さな庭」の意味であり、またイギリスのアロットメントガーデン(allotment garden)は「分区園」とも訳される。

(3) ここでは平均的な回数を聞いているが、M氏の農園暦を見ても分かるように、実際には同一人物でも季節(時期)により農園に通う回数はかなりの違いがある。

(4) アンケートに示された趣味的活動(カッコ内人数)は以下の通りである。フラワーアレンジメント(1)、パッチワーク(2)、書道(3)、囲碁(4)、絵画(3)、菓子作り(1)、料理(1)、英会話(2)、ゴルフ・グランドゴルフ(5)、卓球(1)、水泳(1)、体操(2)、健康運動(1)、山登り(1)、民謡(1)、童謡(1)、ハーモニカ(1)、尺八(1)、三味線(1)、歴史教室(1)、瓢箪加工(1)、点訳ボランティア(1)、美術館ボランティア(1)、医療ボランティア(1)、「みどりの窓口」講習会(1)、シルバー人材センター(2)。

(5) 市民農園は、他の余暇活動との関係を見ると、積極型余暇(スポーツなど趣味的活動)にはあまり影響を与えないのに対して、ギャンブルやゴロ寝といった消極型余暇を減少させる働きがあることが指摘されている(中村ほか 1986)。

(6) 1週間単位の生活周期の中にアグリ・ライフが組み込まれているという指摘は、広島県の市民農園をフィールドにした研究でも明らかである(妹尾・石川 1998)。

(7) 観察および聞き取り調査からいうと、1人あたりが栽培する作物の実数

はアンケート結果よりも多い。それは、アンケートでは、農園の一角に
1・2本植えられるだけのシソやトウガラシ、また区画の境として植えら
れるニラやヒトモジなどはとりたてて報告されない例が多いからである。
(8) コミュニケーションの重要性について、本章では定性的な分析が中心
となったが、定量的にもそれは実証されている (李・進士 1996)。本章で
はそれを「農園コミュニケーション」と名付けることにする。

引用参考文献

・安渓遊地・安渓貴子　1997　「『日曜百姓のまねごと』から」『農耕の技術
　と文化』20号
・内山　節　1997　「農業の営み・労働・生き方」海田能宏・内山節『生き方
　としての農業を考える』農耕文化研究振興会
・荏開津典生・津端修一編著　1987　『市民農園―クラインガルテンの提唱
　―』家の光協会
・唐沢陸海　1977　「日本における市民農園」『都市計画』93号
・九州農政局農政部農政課　1999　「市民農園等に関するアンケート調査結
　果について」『農政調査時報』514号
・九州農政局農政部農政課　2000　「〔調査研究資料〕市民農園等に関するア
　ンケート調査結果について」『農政調査時報』525号
・妹尾勝子・石川明美　1998　「市民農園利用の実態と今後の課題」『広島文
　教女子大学紀要』33号
・津野幸人　1991　『小農本論』農山漁村文化協会
・中村攷・姜守範・山本康・宮崎元夫　1986　「市民農園の利用が余暇生活
　に及ぼす影響に関する調査研究」『千葉大学園芸学部学術報告』37号
・農林水産省構造改善局農政課市民農園制度研究会編　1999　『改訂版市民
　農園開設マニュアル』農政調査会
・蜂須賀裕子・櫻井勇　2011　『いまこそ「都市農」！』はる書房
・樋口めぐみ　1999　「日本における市民農園の存立基盤」『人文地理』51
　巻3号
・三宅康成・松本康夫　1997　高齢者農園における利用圏の実態と利用者
　意識『農村計画学会誌』16巻3号
・安室　知　1998　『水田をめぐる民俗学的研究―日本稲作の展開と構造
　―』慶友社
・山崎寿一　2000　「都市農村共生時代の交流型市民農園の効果」『ＡＦＦ』

31巻9号
・李洪泰・進士五十八　1996　「都市における市民農園の意義と利用体験の効果に関する研究」『東京農業大学農学集報』40巻4号

引用参考ホームページ
・熊 本 市　http://www.city.kumamoto.kumamoto.jp/sangyo/nourin/ranking.html　2001.6.4
・農林水産省　online：http://www.maff.go.jp/nouson/chiiki/simin_noen/joukyou.htm　2001.2.1
・農林水産省　online:http://www.maff.go.jp/j/nousin/kouryu/tosi_nougyo/pdf/kihon_hou_aramasi_3.pdf　2015.7.30

第3章　市民農園に遊ぶ
―1冊の「農園日誌」から―

1　M氏と農園日誌

(1)　M氏との出会い

　現代を生きる都市生活者にとって、農はいかなる意味を持つの
か。定年まで農とはほとんど無縁な生活を送っていた人が、農に接
することで生活はどのように変わるのか。きわめて個別的な事例で
はあるが、市民農園に通う一人の年金生活者に焦点を絞ってみてゆ
くことにする。70年を超すそのライフヒストリーを追いながら、
定年後の市民農園ライフをその生活史のなかに位置づけてみたい。

　本報告はたった一人の、しかも市民農園での活動という、きわめ
て特殊な事例かもしれないが、人の心情にまで分け入って農の意味
を問うとき、それは有効な手段になりえると考える。この事例から
農のもつ普遍的な意味を抽出することができる可能性もある。

　本章で注目するM氏は、1929（昭和4）年、熊本生まれの男性で、
詳しくは後述するが、2003年現在、熊本市東部にある月出山農園
に8年間通っている。M氏が初めて市民農園に応募したのは1994年
（平成6）のことである。『熊本市勢だより』に載っていた「あなたも
畑を作ってみませんか」という募集記事を読んだのがきっかけであ
る。それはまったくの偶然で、そのときまでM氏は市民農園の存在
自体を知らなかったという。そうして初めての申し込みで当選し、
1995年4月から市民農園通いを始めることになった。

　M氏に初めて会ったのは、2000年7月、筆者が月出山農園におい
て108ある区画を1つずつ何がどのように植えられているかをス

ケッチで記録しているときであった（安室 2003）。農園内では知り合いでなくとも出会った人とは必ずどちらからともなく挨拶を交わすが、M氏とはそうした挨拶をきっかけに話しをするようになった。そうして何度か農園で顔を合わすうち、熊本市の協力を得ておこなった市民農園利用者へのアンケート調査を契機に、進んで聞き取り調査に応じていただくようになった。さらにM氏からは市民農園通いをするようになって以来つけている農園日誌の提供を申し出ていただいた。この農園日誌とそれをもとにした聞き取り調査がなければ本論は成立しなかったといってよい。

　なお、M氏の通う月出山農園は、熊本市月出3丁目（現、東区月出）にある。2003年当時、108区画を擁し、熊本市では最大規模の市民農園であった。月出5丁目にあるM氏の自宅からは徒歩で10分ほどの距離にある。農園の周辺は1960年代後半になって急速に市街地化が進んだ新興住宅地で、隣接して小学校や熊本県立大学、同保育大学校などがある文教地区でもある。

（2）ライフヒストリーと農業経験

　M氏は1929（昭和4）年12月4日生まれの74歳（2003年現在）である。北部町四方寄町（現熊本市）に小作農家の一人息子として生まれ、以後24歳（1953年）までそこで暮らす。3歳のときに父親を亡くしたが、戦後の農地解放により約3反（30アール）の畑を手に入れ、母が女手ひとつ農業で生活を支えた。尋常高等小学校を終えると、旧制中学（現在のK商業高校）に進学することになっていた。しかし、当時日本は満州事変の頃であり、進学すると学徒で召集される恐れがあることから、母親が強く反対し、進学をあきらめ軍需工場に働きに出ることになった。S航空に入社し、熊本市川尻にある工場で委託工として働く。そして、そこで終戦を迎える。戦後はK産興に機械工として入社するが、運転の仕事がしたくなり、1951年

に大型運転免許を取得し退社する。そうして、T物流に運転士として入社する。その後1992年、60歳の定年まで同社の運送物流部門で働く。そして、退職後は熊本市のシルバー人材センターに登録し、2001年5月まで市営駐車場の管理をしていた。

　1957年29歳のときに結婚、2女1男をもうける。第1子（長女）は結婚して高森町（阿蘇郡）に行き、第2子（次女）は結婚後も月出町内のマンションに在住する。第3子（長男）は未婚であるが仕事のため高森町に暮らす。孫は計9人いる。2003年現在、夫婦二人で月出5丁目の一戸建て住宅に暮らす。なお、母親の所有した3反の畑は、一人息子であるM氏は継がず、後に売り払い、現在の家を建てるときの資金の一部とした。

　つまり、M氏の農業経験は、母親の手伝いをした尋常高等小学校卒業までのものである。そのころ覚えた畝作りや草取りのやり方は市民農園をするようになってからある程度役立っている。ただ、そのほかの農業のやり方はすべて、1995年に市民農園に通うようになってから、市民農園のさまざまな約束事とともに、月出山農園の入園者から教わったという。当時、何人かの市民農園経験者がおり、そうした人が市民農園初心者の指導役になっていた。現在はM氏もそうした指導役になっている。なお、指導役はあくまで自発的なものであり、けっして公的に依頼されたりする性格のものではない。

　市民農園の活動についてどういった点に面白みを感じているかというと、野菜づくりそのものはもちろんのことだが、とくに野菜づくりを通してなされる人付き合いが好きだという。他の入園者や近隣に住む地主（市民農園の土地所有者で、市に土地を貸し出している）とは会えば必ず世間話や野菜作りの情報交換をする。そのほか、新しい入園者には水場の使い方やゴミの出し方など市民農園の約束事を会話のなかに織り込み伝えている。そんなとき、余った種苗や収穫

物を人にあげることで、会話もはずみ、そうした交友関係はより深まると考えている。

　また、1993年以来趣味として、シルバー人材センターの園芸クラブに入っている。この園芸クラブでは、月1回の勉強会をおこなっており、M氏は毎回欠かさず参加している。現在 (2003年) は、70歳を越え、シルバー人材センターの幹旋する仕事はやっていないが、このサークルに加わっていたいがために、センターに籍を残している。M氏の場合、親しい友人の多くは園芸クラブのメンバーであるという。そのため市民農園で収穫された野菜をあげる友人もこのクラブのメンバーに多い。

　ただし、この園芸クラブはどちらかというと花や木の育て方を勉強することの方が多く、M氏の嗜好とは異なる。M氏は花卉よりも野菜づくりの方が好きで、市民農園では野菜しか作っていない。自宅の庭には花や木も植えてあるがその管理はもっぱら妻がおこなっている。なお、妻は農家出身でありながら市民農園での野菜づくりにはまったく関心がない。したがって、市民農園での農作業は基本的にM氏がひとりでおこなっている。

(3) 農園日誌

　M氏は1995年、市民農園通いを始めた当初から農園日誌をつけている。2002年時点で、すでに8年目に入っている。横罫の大学ノートを利用し、表紙には「市民農園記録」とタイトルが記される。最初はカレンダー式の記載であったが、月出山農園とともに長嶺南農園にも通うようになった2000年9月以降は、現在のように作物ごとに記述する形式となり、表紙タイトルも『市民農園記録―作物別―』とするようになった。本稿で分析対象としたのは2000年9月から2001年8月までの一年間の農事を記した1冊である。

　『市民農園記録―作物別―』には、表紙を開いてすぐのところ

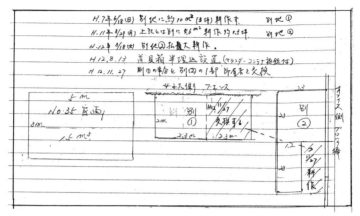

図1-3-1　市民農園の耕作地（月出山農園）

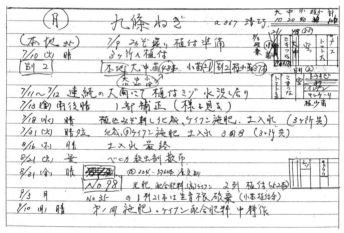

図1-3-2　農園日誌の記載例（九條ねぎ）

に、日誌を書き始めた2000年9月時点で耕作する土地（市民農園2か
所とその付属地2か所）について概略と見取図が示される（図1-3-1）。
その後に作物ごとの栽培記録が記されるが、1作物（品種）がおもに
2分の1頁に収まるようになっている。頁のレイアウトは、1頁を2

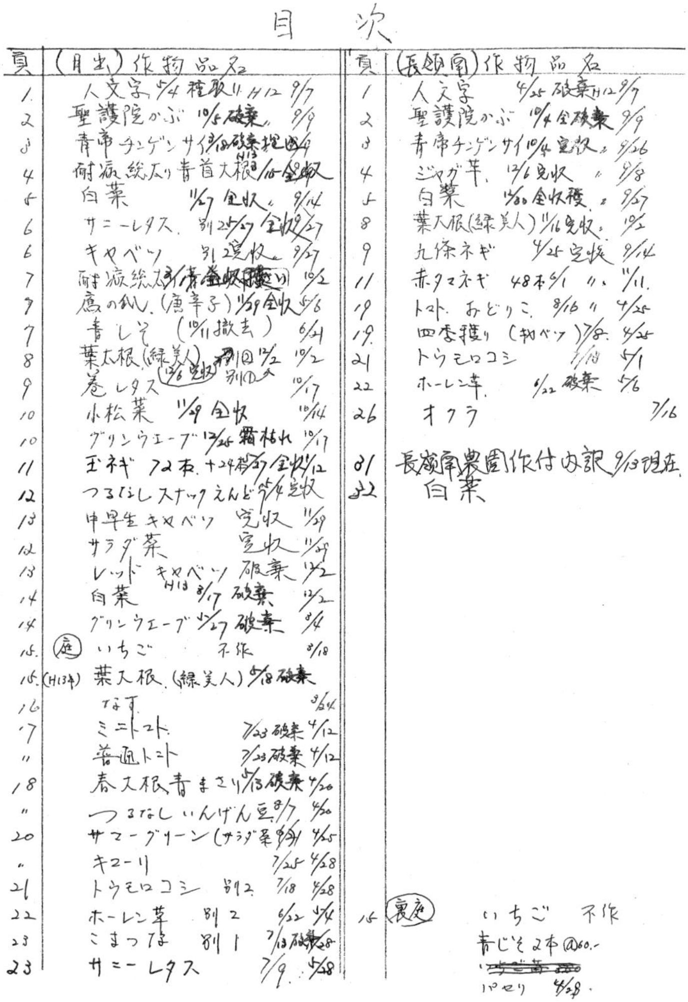

目　次

頁	（月出）作物品名	頁	（長嶺園）作物品名
1	人文字 9/4 種取り 11/2 9/7	1	人文字 4/25 破棄 11/2 9/7
2	聖護院かぶ 10/4 破棄 9/9	2	聖護院かぶ 10/4 全破棄 9/9
3	青帝チンゲンサイ 10/4 破棄	3	青帝チンゲンサイ 10/4 完収 8/26
4	耐病総太り青首大根 10/4 全収	4	ジャガ芋 12/6 完収 9/8
4	白菜 11/7 全収 9/14	4	白菜 11/20 全収穫 9/27
6	サニーレタス 引 2/7 全収 12/2	8	葉大根(緑美人) 11/16 完収 9/6
6	キャベツ 引 逆収 9/7	9	九条ネギ 4/4 完収 9/14
7	耐病総太り(青首金収埋) 10/2	11	赤タマネギ 48本 9/1 11/11
7	鷹の爪(唐辛子) 11/7 全収 6/6	12	トマト おどりこ 8/16 4/25
7	青しそ (10/11 撤去) 6/21	12	四季獲り(キャベツ) 9/8 4/25
8	葉大根(緑美人) 再回 11/2 10/2	21	トウモロコシ 8/18 5/1
9	巻レタス 別口 10/7	22	ホーレン草 5/22 破棄 5/6
10	小松菜 11/9 全収 10/14	26	オクラ 7/16
10	グリーンウエーブ 12/26 箱枯れ 10/17		
11	王ネギ 72本 +24移す 全収 12	31	長嶺市農園作付内訳 9/13現在
12	つるなしスナックえんど 9/6 全収	32	白菜
13	中早生キャベツ 完収 11/9		
12	サラダ菜 完収 11/9		
13	レッドキャベツ 8/7 破棄 9/2		
14	白菜 8/7 破棄 9/2		
14	グリーンウエーブ 12/27 破棄 9/4		
15	(庭) いちご 不作 8/18		
16	(H13年) 葉大根(緑美人) 9/8 破棄		
16	なす 9/6		
17	ミニトマト 7/23 破棄 4/12		
17	普通トマト 7/23 破棄 4/12		
18	春大根青まさり 9/13 破棄 4/20		
18	つるなしいんげん豆 8/7 4/20		
20	サマーグリーン(サラダ菜) 9/1 4/25		
20	キューリ 7/25 4/28		
21	トウモロコシ 別2 7/18 4/28		
22	ホーレン草 別2 6/2 4/6	16	(裏庭) いちご 不作
23	こまつな 別1 7/13破棄 4/28		青じそ 2本 @60.-
23	サニーレタス 7/9 4/28		パセリ 4/28

図1-3-3　農園日誌の目次（作物別）

段に分け、上段に月出山農園、下段に長嶺南農園で栽培した作物が記される（図1-3-2）。図中左上にある㋳が月出山農園の印である。栽培記録は、播種・植付けから収穫に至るまでが時系列に書き足してゆけるようになっている。収穫または廃棄してその作物の記載が終了すると、頁全体に大きく斜線が引かれ、そこに「完」の文字が大きく書かれる。また、区画内のどこに、どれだけ植え付けたかが分かるように、必ず1作物あたり1点の見取図が、頁右上あたりに付されている。そして、ノートの最後のところに、目次が作られており、どの頁に目的の作物の記載があるかが分かるようになっている（図1-3-3）。これは、栽培記録を書き足してゆくとき、目的の作物がどこにあるかがすぐに分かるようにするための工夫である。

　M氏にとって記録をとる目的は、いつどこに何を栽培したかを記しておくことで、めまぐるしく変化する作付けのなか、知らず知らずのうちに連作に陥ることを避けるためである。実際、後述するように、モザイク状に土地を細分化し多品種・少量栽培をおこなっているため、こうした記録は連作障害を避けるには有効だと考えられる。M氏はこうした記録を、農園に行った日は、まだ記憶が鮮明なその日の夜のうちに、ビールを飲みつつテレビで野球中継などを見ながらつけるようにしている。

2　市民農園の記録

(1) 市民農園歴

　農園日誌をもとにM氏の市民農園歴を、その栽培面積の変遷に沿ってまとめると、以下のようになる。

　市民農園に最初に応募したのは1994年のことで、これにより1995年4月から月出山農園の1区画＜No.35＞（15㎡）を耕作するようになった。以後、5年間同じ区画を継続して借り受け、2001年に抽

選しなおしとなるが、運良く当選し、現在（2003年）に至っている。なお、2000年9月には定員に満たず再募集となった長嶺南農園に1区画＜No.71＞（15㎡）を借り、さらに2001年6月からは月出山農園において入園辞退者の区画＜No.98＞（15㎡）を申し込み許可される。その結果、市民農園としては、2003年現在、月出山農園2区画（30㎡）と長嶺南農園1区画（15㎡）を正式に耕作している。

　熊本市の市民農園の場合、農園の利用は基本的に1年契約で、最長3年間（1998年以前は2年間）まで延長ができる。延長の場合も、必ず1年ごとの更新となる。そして3年の更新期間を過ぎると、借りていた区画についてはまた新たに抽選となる。ただし、当選すれば、市の担当者（農業政策課）に強く申し出ることで、非公式ではあるが融通を利かせてもらい、引き続き同じ区画を借りることができる。それは、市の担当者に優良入園者として認識されているからで、特別な計らいである。なお、優良入園者は、とくに基準があるわけではなく市の担当者の心証が大きいとされる。

　また、M氏のような優良入園者は、放棄されたままの区画を優先的に借りることができる。市民農園は必ず一定数の権利放棄者が出てくる。年度によって多少変動はあるが区画数の約1割が放棄地になるという。108区画ある月出山農園の場合だと、10区画ほどが毎年放棄地となる。放棄された区画はすでに入園料が納められており、また年度の途中なので再抽選をおこなうことはできない。しかし、そのままにしておくと放棄区画には雑草がはびこり害虫が発生するなど周りの区画に悪影響を及ぼすため、市の担当者としては優良入園者に声をかけてそこを管理してもらう必要がある。つまり、優良入園者への追加の貸し出しは、放棄区画の管理を名目とした特別の措置である。そのような経緯で、M氏は2001年6月から月出山農園においてもう1区画を耕作するようになった。2003年現在、このようにして同じ農園内で2区画を利用している人は、月出山農園

の場合、M氏を含め10人ほどいる。

　また、現在は市民農園の区画数も増えたため、かつてほどの競争率にはならず、不便なところでは応募が募集の数を下回るところもでてくる。そうなると、すでに他の市民農園を借りている人にも貸し出しが許可されることがある。熱心な人ほど、通常の1区画15㎡では物足りなさを感じており、M氏はそうしたところに応募することで耕作面積の拡大を図っている。具体的には、長峰南農園は新規募集がおこなわれたが人気がなく定員割れを起こしたため、M氏は2000年9月から月出山農園に加えて長嶺南農園の1区画も応募し借り受けている。

　なお、1995年以降、月出山農園では非公式ではあるが、農園の区画に隣接する土地を地主にことわって耕作するようになる。その地主とは、所有する農地の一部を市民農園用に市に貸し出している農家である。M氏は市民農園、地主は隣の畑に、それぞれ耕作に通ううちに親しくなり、未利用地であった市民農園の縁辺地を無料で借り受けるようになった。地主にしてもそうした土地を親しくなった入園者に貸し出すことは好都合である。それは、細長く不定形をした市民農園の縁辺地は農地としては利用価値がなく、しかも市民農園の周りにあるため草刈りなどしてたえずきれいに保たなくてはならないためである。M氏のほかにもこうして市民農園の縁辺地を無料で借りている人が数人いる。なお、この貸借については市はいっさい関知しておらず、あくまで地主と入園者との個人的関係でなされたものである。

　そうした市民農園の縁辺地は、図1-3-1にあるように、農園日誌のなかでは、「別①」「別②」として記され、農園内の正式な区画とともに耕作の記録がなされている。1995年6月に別①として約9㎡を借り、さらに別②として1999年には別①とは離れたところに5㎡を追加で借りている。さらには、別②は2000年3月に面積を8㎡に

拡大している。そして、2000年11月には、耕作の利便を考えて、別①の半分（4.6㎡）の耕作権（非公式なもの）を人に譲り、別②に隣接する土地を新たに借地している。なお、別①別②といった市民農園の縁辺地はあくまで地主の所有物であるが、そこを借り受けている人同士が話し合いのうえ上記のような土地（耕作権）の交換をおこなうことについては、何か不都合なことがおきない限り地主は関知せず黙認している。

　このほか、M氏は、自宅裏庭にも一部に野菜やイチゴを植えたりして農園として利用している。裏庭は10坪（33㎡）ほどの面積があるが、そのほとんどは花壇にされ一部にプランターが置かれる。そこには花と木が植えられており、その管理は妻がおこなう。そうした花壇のごく一部に、普段使いの野菜であるパセリ・シソ・ニラが植えられる。どれも薬味などとして少量あればよい野菜である。そのため、それらの野菜は農園まで行かずとも、いつでも手にはいるように裏庭において年間を通して栽培されている。

（2）市民農園の1日、1年
　農園日誌と聞き取り調査をもとに、まずはM氏の一日の生活を市民農園との関係を中心に、一年を通して見てゆく。具体的な農作業については、表1-3-1を見ていただきたい。
　11月から3月までの寒い時期は、農園に行く日数は少ない。また行ったとしても日中に1回程度である。そうしたときの農作業は、11・12月であれば収穫が中心となる。1・2月は見回りをしたり、その日に必要なものを収穫したりするだけでごく短時間で帰ってくる。3月は収穫作業のほかは、霜が降りなくなると土作りを始める。
　4月から6月は植付け・播種作業（入園初年は土作り作業）をおこなうが、とくに6月は播種と植付けのピークで朝夕2回のほか日中にも農園に行くことがある。この時期は新来の入園者が大勢いるので

表1-3-1　市民農園の作業暦（月別）

月＼事項	市民農園での主な作業
4 月 5 月 6 月	植付け・播種 ＊前年度から引き続き同じ区画で作っている場合と新規に始めた場合では作業が異なるが、6月はどちらにしろ忙しい。 ＊前年度から続けている場合は、すでに土作りを終えているため4月になるとすぐに植付け・播種をおこなう。 ＊新規の場合は、4月中は土作りが主となり、6月に植付け・播種をおこなう。
7 月	収穫（5・6月に植えたもの） ＊収穫の終えたところは順次耕していく。
8 月	手入れ（夏野菜）・収穫（一部のみ） ＊暑さのためあまり農園には行かない。 ＊農園に行く場合は、暑さを避けて早朝または夕方遅くに行く。 ＊手入れが十分になされないため、雑草が多くなり農園全体が少し荒れた感じになる。
9 月 10月	植付け・播種 ＊もっとも忙しい時期で、一日のうち朝夕2回農園に行く。 ＊8月終わりから9月はじめにかけては、植付け・播種前の耕土と整地をおこなう。 ＊植付け・播種後、種は芽が出るまで、苗は根付くまで、朝夕2回の水やりをする。
11月 12月	収穫（9.10月に植えたもの） ＊収穫の終えたところは順次耕していく。 ＊収穫できる作物は少ない。
1 月 12月	収穫（一部のみ）・整地（一部のみ） ＊寒いのであまり農園には行かない（霜で農作業ができない）。 ＊冬も植えたままの野菜を家で使う分だけ取りに行く。 ＊暖かな日は根掘りをして次の植付け・播種に備える。
3 月	耕起・整地 ＊霜が終わったのを見計らい農作業を再開する。 ＊その年度でやめる場合は、10日までに植えてある作物をすべて除去して土を均す。 ＊次年度も引き続き同じ区画を借りられる場合は、4月に向けて作付け準備をおこなう。

※M氏の農園日誌をもとに聞き取り調査と合わせて作製

農園も活気があり、新しい入園者にいろいろと尋ねられることも多い。

　7・8月の暑い頃は、朝起きるとすぐ5時30分から8時頃まで農園に行って作業をする。陽がでて暑くなる前に作業を終える。こうした夏場は朝は農園、日中は趣味のパチンコという日常生活のパターンができている。

　9・10月の植付け・播種の時期には、日射しも弱くなるため朝と夕の2回行くことが多くなる。9月の曇りの日は、朝方に農園に行き、いったん朝飯（午前10時頃）を摂りに戻った後、再び農園に行って、そのまま昼飯抜きで夕方まで農園にいる。朝夕2回行くときには、朝飯前の6時30分から9時過ぎまでと、夕方は5時から6時までが一般的である。そのとき夕方は朝やりかけの仕事を片づけてくることが主となる。そうして、テレビの野球中継が始まる頃までに家に戻り夕食を摂る。

　次に、月ごとに農園に通う回数をみてゆく。図1-3-4をみると、農園へ通う回数は10月と6月という2つのピークがあることがわかる。これは夏どり野菜と秋どり野菜の植付け・播種作業のピークがあるためである。この二つのピーク時を過ぎると、農園に行く回数は徐々に少なくなってゆく。

　10月にピークを迎えた後は、1・2月が通園日数はもっとも少なくなる。農園日誌の上では1・2月とも月に2日しか行っていない。それは1・2月は寒さのため農作業に不適だからである。ただし、この時期は農園日誌には登場しないが、ネギなど植えたままにしてある作物を自家で使う分だけ穫りに行ったり、何かのついでに農園の様子を見回りに行くことはある。

　そして、6月にピークを迎えた後は、8月にいったん通園日数は減少する。これは夏の日射しが強いためで、熊本の場合には寒さ以上に通園には大きな制限要因となっている。この時期は、消毒や夏

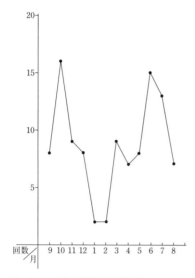

図1-3-4　M氏の通園日数（月別）
　　　　　—2000年9月〜2001年8月—

野菜の収穫も朝夕の涼しいときを選んで行かざるをえない。

また、農事暦を検討するとき、市民農園ならではのこととして、更新・抽選の問題がある。しかも、この問題は農事暦に大きな影響を与える。継続して4月以降も同じ区画を耕作することができる場合には問題ないが、切り替え年には抽選に漏れるようなことがあれば冬に植えていたものはすべて3月中に処分して（つまり更地にして）区画を次の人に引き渡さなくてはならない。そのため、更新の年には、1・2月の作付けや手入れを控えざるをえない。3月に通園日数に小さなピークができるのはそのためである。

このことは市民農園による農の継承を考えた場合、大きな問題となる。ドイツのクラインガルテンのように希望すればその人の生存中は同じ区画を借りられるような制度上の改良を望む人はM氏以外にも多い。3年ごとの切り替え（再抽選）という現行の制度はやる気のある人ほど大きな足枷となっている。結果として、3年を区切りに農への関心や意欲が失われることになりかねない。

なお、一年を通してみると、月別の通園日数に大きな差が出るのは、M氏のような野菜栽培を主とする農園利用者の特徴である。花やハーブを主とする場合は野菜作りを主とする入園者よりも月ごとの較差は小さくなる。それは、ハーブのような植物は年間を通して

植えたままにすることができるため、作物の切り替えが野菜ほど頻繁ではないからである。

3　特徴的な市民農園の農事

(1) 多品種・少量栽培

　市民農園の土地利用には3つの特徴がある。ひとつは、多品種・少量栽培に特化していること。2つ目が、作付け(畝だて)に見られるように土地利用が一人として同じではなく個性的であること。3つ目が、露地栽培へのこだわりである。

　市民農園では、図1-2-2 (50頁)に示したように、作物と栽培者との関係は、野菜に特化した人、また野菜を基本としながらもそこに花を加える人、さらにハーブを栽培する人という重層構造になっている。M氏の通う月出山農園の場合は、平均して1人あたり、野菜8.3種、花0.8種、ハーブ0.4種を栽培している(安室 2003)。野菜の場合は、総数では40種が栽培されている。市民農園の場合、1区画わずが15㎡しかないことを考えると、いかに多くの品種がしかも少量ずつ生産されているかが理解されよう。しかも、108区画あるうちで、一人として同じ組み合わせで作物を作る人はいないことをみても、市民農園の作付けは個性あふれるものであることがわかる。

　M氏が2000年9月から2001年8月までの1年間に月出山農園(正規区画のみ)に栽培した作物は図1-3-5に示したとおりである。そのすべてが野菜で計19種ある。品種の数にすると、たとえばナスが久留米長茄子と熊本長茄子に分けられるように、全体の数はさらに多くなる。また、月出山農園のほか同園別地や長峰南農園まで含めると、栽培した作物はなんと47品種にものぼる。合わせても53㎡しかない面積に、47品種もの作物が作られるということは、当然1

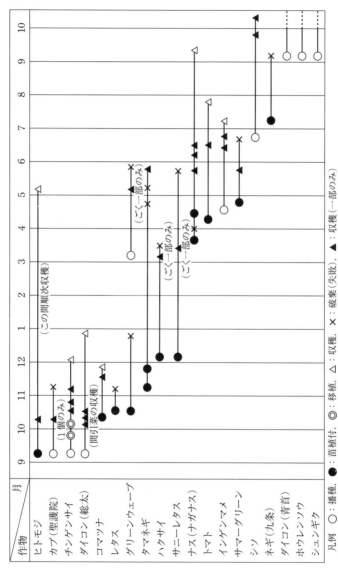

図1-3-5　市民農園の栽培暦─2000年9月から2001年8月まで

凡例　〇：播種，●：苗植付，◎：移植，△：収穫，×：破棄（失敗），▲：収穫（一部のみ）

MF氏の『市民農園記録』より作製

作物当たりの栽培量はごく少ない。『市民農園記録』の記述からは、M氏の場合、ジャガイモであれば20株、キャベツは苗5本、ハクサイは苗9本、コマツナは苗12本という具合に、植付けの段階ですでに栽培量が絞られていることがわかる。

　そのとき注目すべきは、農業者が作物の栽培量を表すときには通常その栽培面積で示すことが多いのに対して、市民農園の場合には栽培面積はほとんど用いられないことである。市民農園は1区画15㎡と狭く、しかもそこに同時にいくつもの作物を植えているため、栽培量をその面積で示すことはほとんど意味がないし、また不可能でもある。そのことを示すように、『市民農園記録』に登場する栽培量を示す単位は「列」「本」「株」という農業者が通常使うことのない独特な単位である。

　「列」は筋蒔きされるウネ（畝）の数を示す単位であるが、それは播種の絶対量を示す単位とはなっていない。人によってウネの長さや幅が異なるため播種量はおのずと違ってくる。そのため、同じ1列といっても、その栽培量は区画（栽培者）ごとに違ったものとなる。

　M氏が栽培量を示すのに列の単位を使うのはダイコンとカブだけで、それほど多くはない。それは市民農園においては、種子から育てるよりも苗や株から栽培が始められることの方が多いからである。そのため、たいていの作物は栽培量が株の数や苗の本数で示される。したがって単位としては、「株」や「本」が使われる。こうした栽培量を示す単位は、極小面積での箱庭的栽培に適応したものである。さらには、市民農園における栽培量の認識は、作物栽培というよりは、花卉園芸に近いといえよう。

　M氏が市民農園で作る野菜は自分が食べたいものが中心となる。そしてもうひとつ条件を挙げれば、栽培しやすいものということになる。また、日常的に薬味として使うような作物（ネギ・ニラなど）

も欠かさず作っている。ときには今まで作ったことがないものに挑
戦するが、基本的には自分が食べたいから作るし、当然のことなが
ら自分が食べたくないものは作らないというのが入園者に共通した
感覚である。それは、市民農園の作物がその家の食卓に直結してい
ることを如実に物語っている。

　作物の収穫は、稔ったものから順に、しかも必要な分だけなされ
る。そのため一度にすべて収穫してしまうことはなく、断続的にな
される。たとえば、農園日誌の記載によれば、ナス（ナガナス）は5
月27日に初収穫されているが、その後9月13日まで断続的に必要
な量ずつ収穫されていた。稔った野菜はそれを食べることができる
限界まで露地に置かれており、最後は「とう立ち」につき「廃棄」さ
れるか、完全に熟して「種とり」をして終えるかする。こうした収
穫法は、出荷を目的とせず、自分の食べる分が手に入ればよいとい
う、都市生活に適応的なものである。また、それを可能にしている
のは多品種・少量栽培という基本的土地利用のあり方であるといえ
よう。

(2) 個性的な作付けと露地栽培へのこだわり

　次に、土地利用上の特徴として、個性的な作付けと露地栽培への
志向についてみてゆく。

　図1-3-5はM氏による土地利用の1年間の変遷である。このう
ち、2000年9月13日時点の土地利用を示すと図1-3-6となる。月
出山農園の1区画（No35またはNo98）に限っても多様な変化の跡が認
められる。1区画15㎡がいくつにも分けられ複数の作物が同時並行
的に植えられるが、それぞれに作期が異なるため、ひとつの作物の
収穫が終わるとそこだけが他の作物に置き替えられたり、また同時
に収穫を終えた複数の空間があるといったんはひとつに均された後
また必要に応じていくつかに分割されたりしている。そのため、1

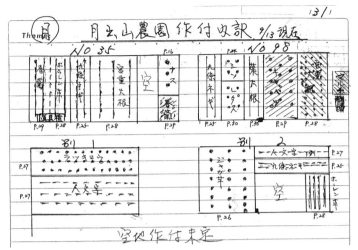

図1-3-6　市民農園の土地利用—2000年9月13日時点—

年を通してみると1区画の耕地は絶えず変化し続けるモザイク画の
キャンバスのようである。

　これはM氏に限ったことではない。ほかの多くの入園者も同様の
作付けをしている。その家で必要とする野菜を必要なときに必要な
量だけ作ろうとすると、おのずとそれはその家の食生活上の個性つ
まるところ家族の嗜好を反映したものとなる。

　図1-2-3（54頁）は5区画を取り上げて春と秋の畝だての変化を示
したものだが、ひとつとして同じ畝だてはないこと、しかもひとつ
として同じ変化（春から秋へ）をするものはないことがわかるであろ
う。これは農業技術の面からすれば、入園者個人の信条や創意を反
映した結果であり、また一面では技術的な未熟さを示すものともい
えよう。曲がりくねった畝を作るものや畝さえ作らず複数の作物を
混植したものなど現代の農業技術水準では誤りとされるものも多
い。そうした信条や創意また農業セオリーの無視といったことが融
合することで個性を醸し、その結果として108区画のうちひとつと

して同じ土地利用がないという状況が生まれたのである。

　また、市民農園における土地利用上の特徴として、露地栽培への
こだわりは重要である。入園者の多くは作物が太陽の日を浴びて育
つことに大きな価値を見いだしている。そのため、上記のように、
あれだけ個性的な作付けをしているにもかかわらず、温室を作って
作物をなかに閉じこめたり、また土にマルチを被せたりして光を
遮ってしまう人はいない。これは、多品種・少量栽培と同様に市民
農園の土地利用として入園者に共通する点であり、入園者それぞれ
の作付けが個性的であることとは違った意味で大きな特色となって
いる。この点は、市民農園においてはあたり前のこととされる無農
薬・有機栽培の問題とも密接に関わり、ひいては自然に対する大き
な信頼という市民農園を支える基本的な自然観にも繋がる。

4　なぜ市民農園に通うのか

（1）市民農園の経済学

　M氏にとって市民農園で野菜を作るのは余暇活動であり、趣味で
ある。少なくとも「仕事」だという意識はない。労働を伴う「遊び」
といった方がいいかもしれない。その意味で、市民農園では仕事と
遊びを隔てる垣根が低い。当然、市民農園で儲けなどまったく考え
ていない。

　市民農園は、費用対効果を考えると完全に赤字となる。経済的に
はまったく見合わないと言ってよい。その家で必要とする野菜な
ら、市民農園で作るよりはるかに安くまた手間なくスーパーなどで
買うことができる。熊本市のような中核都市の新興住宅地なら尚更
である。

　図1-3-5を見ると、M氏が2000年から2001年にかけて市民農園
で栽培した野菜16種（栽培途中のもの3種は除く）のうち、「全収」つま

りきちんと収穫に到ったものはさほど多くない。ヒトモジ、チンゲンサイなど7種である。わずかでも収穫のあったものを入れても12種にすぎない。それに対して、虫害や根腐れなどで収穫に到らず「廃棄」、またはごく一部収穫できたもののその後すぐに「廃棄」となった作物は10種ある。タマネギのように、2度作り2度とも失敗しているものもある。つまり、全収(成功)と廃棄(失敗)とは相半ばしている。おそらくこの栽培成績ではプロの農業者なら農家経営はとっくに破綻していることであろう。

　M氏は月出山農園で8年間の市民農園の経験を持つ。また、他と比較しても通園回数の多い熱心な入園者であり、しかも経験の浅い入園者からは野菜作りの上手な人だと認められているにも関わらず、そうである。失敗が多いことは経験の有無や栽培の上手下手と関わりなく市民農園レベルにおいてはごく当たり前のことであるといえよう。

　また、市民農園における経済上の特徴として挙げられるのが経費を度外視した健康志向である。それは、無農薬・有機栽培への強いこだわりとして表れる。

　M氏の場合は、肥料は野菜くずなど廃物を利用したものと購入したものの両方を使っている。ただし、購入する肥料でも有機肥料を主にして、化学肥料は使わないようにしている。肥料として主に用いるのは鶏糞と油粕である。鶏糞は高森町(阿蘇郡)の養鶏場まで車で片道2時間以上かけて貰いに行く。養鶏場の鶏糞は不純物が多く固化しているので使いづらいが、市販される鶏糞のように化学処理されていないためあえてそれを用いる。また、入園者のなかには家庭から出る生ゴミだけを使って堆肥を作っている人もいる。

　農薬については、M氏は極力使わないようにしている。たとえ用いたとしても、除草剤のような予防的な農薬は使わず、ホームセンターで市販されている毒性の低いものを、病害虫が実際に発生して

から使うようにしている。そうすることで農薬の使用量は格段に少なくなる。なお、入園者の中には完全無農薬の人も多い。

　そのように無農薬または最低限の農薬使用にこだわる結果、収穫までに到らないものが多く出てしまうが、それはやむをえないことと考えられており、安定した収穫を目指して農薬の使用量を増やすという選択肢はありえない。それは、M氏に限らず入園者のほとんどすべての人に共通する感覚である。

　それは、明らかに市民農園の収穫物が自家の食卓に直結しているからである。入園者に対するアンケート調査で市民農園を始めた動機を尋ねると、男性は健康のため、女性は安全で新鮮な野菜を手に入れるためという回答がもっとも多かったことが、そのことを裏付けている(安室 2003)。

　さらにもうひとつ、市民農園の経済上の特色として挙げられるのが収穫物の贈答行為である。前述のように、市民農園の収穫物はあくまで自家で食することが基本となるが、それと同じくらい大切に考えられているのが、収穫物を人にあげること、または交換することである。M氏の場合、どんなに小面積の栽培であっても夫婦二人では収穫物は食べきれないため、人にあげることは収穫物の処理には欠かせない行為である。実際に収穫物を贈ると喜ばれることは多いとされる。とくに無農薬・有機栽培なので希少で価値が高いと贈る方は考える傾向がある。

　そのとき、コミュニケーションの道具として、市民農園で栽培される多種類の野菜は重要な役目を果たしている点が注目される。M氏の場合、野菜をあげる先としては、1番に嫁に行った娘のところ、2番に親しい友人のところ、そして3番目に隣近所であるという。親しい友人とは、M氏の場合にはシルバー人材センターの園芸クラブの人たちが多い。月1回の会合に合わせて前日に収穫することもある。子供はM氏には3人いるが、その中でも同じ町内に暮ら

す娘のところが主な収穫物の行き場となっている。残りの2人は高森町に住んでいるため、日常的な行き来がないのに対して、同じ町内の娘のところは孫がいることもあり頻繁に行き来をしている。そんなときに、孫に安全で新鮮な野菜を食べさせるため、収穫があると必ず持っていくという。それに対して、3番目の隣近所は、M氏が野菜をあげると、たいてい向こうも気を使って何かお返しをしてくる。そうした気遣いがあるため、あまり頻繁にはあげないようにしているという。このほかには、収穫時に農園で出会う顔見知りの入園者にあげたり、また互いの収穫物を交換したりすることは、頻繁におこなわれている。

　そうした様子は農園日誌の記述からもうかがわれる。具体的には、9月から12月までの4ヶ月間に収穫した作物11種のうち5種については人に贈っている。その間、贈った相手は8人、回数は延べで25回に上る。しかし、それはあくまで記録に残っているものだけで、実際におこなった贈答・交換の一部にすぎない。

(2) 楽しい農園コミュニケーション

　前述のごとく、収穫物の贈答行為は農園コミュニケーションのひとつに位置づけることができ、結果として市民農園は人と人との繋がりを作り上げるという社会的機能を持つことになる。同様の社会的機能は、市民農園のさまざまな場面に見て取ることができ、現代社会にあって市民農園はコミュニケーションのツールとして重要な意味を持っている。それは農の持つ潜在力と言い換えることもできよう。以下、農園コミュニケーションの具体像を月出山農園に見てゆくことにする。

　市民農園の中ではごく当たり前に挨拶が交わされる。たとえ見知らぬ人同士でも同様である。入園者が農園にやってくるのは平均すると週に2回、1回あたり30分から1時間の滞在時間しかない(安

室 2003) にもかかわらず、入園者がよくやってくる時季や時間帯が重なるため顔を合わす機会は多く、近辺の区画だけでなくとも、同じ農園の入園者なら自然と挨拶を交わすようになる。

　さらに、挨拶から一歩進んで、会話をするようになるのは市民農園においてはむしろ自然の成り行きである。前年に入園したものが新来の入園者に、水道場など共用部分の使い方のルールや農作業の方法を教えたり、前に植えられていた作物が何であったかを教え、連作を避けるようにアドバイスをするといった光景はよく見られる。

　とくに口伝される市民農園のルールは重要な意味を持つ。これは月出山農園に独自な、非公式かつ暗黙のルールである。そのため入園式や講習会で配られる市の説明書には載っていないが、市民農園で他の入園者とトラブルを起こすことなく円滑に農事をおこなうには不可欠な情報となる。

　また、挨拶や簡単な会話が交わされるようになれば、次には相互の区画を訪問しあったり栽培法を相談したりするようにもなる。そのように、失敗したり成功したりしながら互いに教え合うのが市民農園の良さであるとM氏はいう。そうして親密度が増し、中には農園を離れての友人関係にまで発展することもある。反対に、農園で顔をよく合わせたり、情報交換をしたりして、顔見知りになっていても、互いの名前も知らず、区画番号でのみ認識しているということも多い。むしろそうした関係が、都市部における農園コミュニケーションのひとつの特徴といえる。

　M氏の場合、種子や苗の多くは近くのホームセンターで購入するが、販売単位は種子は袋、苗は50〜100本の束となる。そのため、1人では全部使い切ることはできない。多品種・少量栽培を基本とする市民農園の場合、苗は20本も植えれば十分である。そうしたとき、顔見知りの入園者や隣近所の区画の人、さらにはたまたま植

付けのときに会話をしただけの入園者にも余った苗や種子をあげてしまうことは多い。そうすると、また別の機会には反対に余った種苗をもらったりする。

　そうして入園者が相互に種苗を融通し合うことはむしろ一般的なことであるという。農園日誌の中にもそのような種苗のやりとりの記載がいくつも出てくる。1区画15㎡しかなく、しかもそこに多種の作物を同時に栽培する市民農園では、そのような入園者間の種苗のやりとりはいわば自然の成り行きであり、そうしたことが農園コミュニケーションのひとつの機会となっていることは興味深い。

　このほか、月出山農園の場合には、市民農園のため土地を市に貸している地主（2003年現存、60才代）が市民農園に隣接する畑で農業をしており、そうした地主と入園者とは顔を合わせるうちに自然と親しく話をする関係になる。そしてときには、地主（プロの農業者）が教授役となり、何人かの入園者が野菜作りについて教えを請うといった機会も自然発生的にできてくるという。

　こうした農園での挨拶、農園利用にかかる慣行ルールの口伝、作物栽培の情報交換、栽培技術の教え合い、種苗や収穫物の贈答・交換といったことがもたらす農園コミュニケーションは、市民農園における楽しみとして積極的に評価されている（安室 2003）。M氏の場合など、野菜を作って食べる楽しみよりも農園コミュニケーションの楽しみの方が大きくなってしまったという。事実、今では他の入園者と話をしたり何人かで他の区画を見てまわったりしている時間は、M氏の場合、農園に滞在している時間の半分くらいになっているというし、またときには話だけして帰ってくることさえあるという。

　市民農園の設置者である市役所が入園者同士の付き合いを後押しすることはない。市が入園者を一堂に集めるのは、4月はじめの入園式のときだけである。そのときも、入園者相互の親睦をはかると

いうよりは、使用料を徴収することが主目的となる。入園式の日には、規則（市の定めるごく基本的なもの）等を記したパンフレットを配り、農業改良普及員による農作業に関する説明会を開くだけである。しかもその説明は農芸化学の話など難しいことばかりで実際の役には立たないとされる。入園者にとっては農園コミュニケーションがもたらす情報や技術の方が市民農園で作物を作るにははるかに役立っている。

(3) 市民農園に求められるもの

　都市生活者の場合、農への関心ということでいえば、市民農園と園芸（ガーデニング）とは共通するものがある。その代表が、趣味的である点である。しかし、そうした共通点とともに、農への志向として両者にはいくつかの決定的な違いを見て取ることができる（安室 2006）。

　ひとつは担い手の違いである。市民農園に関心を寄せる人と園芸に力を入れる人とは重複しない。アンケートで見ても、市民農園に通う人で園芸サークルに入っている人はほとんどいない（安室 2003）。その点、市民農園をしながら園芸サークルにも籍を置くM氏は例外的な存在かもしれないが、前述のごとく本人の志向は明らかに市民農園の野菜づくりに移ってきている。

　そしてもう一つの違いは、農を支える技術面にある。熊本は近世以来、肥後六花に代表されるように園芸を愛好する人は多く、そうした人びとは花ごとにいくつものサークルを作っている。そしてそこで秘伝・家伝とする花々を創りだしては品評会などで競い合う。そのためサークルごとやまた同じサークル内でも個人レベルでさまざまな秘伝・家伝の技や品種が存在する。つまるところ園芸を支える技術は個別化・特殊化・秘技化する傾向が強い。

　それに対して、市民農園を支える技術は、基本的にオープンであ

る。先に述べたように、市民農園の技術は農園コミュニケーションを通して、たえず入園者の間で交換され、また旧来の人が新来の人に世話を焼きながら共有化されていく。つまり、市民農園の技術は通事的にも共時的にも共有化されていく傾向を持つ。そうしたことが市民農園を支える農園コミュニケーションの基本とされ、それがまた入園者にとっては市民農園の魅力ともなっている。

　市民農園が志向するものの背景には、現代農業への不信があることはまちがいない。その点も、意識の上では農業のいとなみとは切れたところで存在する園芸との大きな違いである。そのため、市民農園では無農薬・有機栽培へのこだわりが強く、たとえそのために収穫が減ってもよいという経済性を無視した考えも多くの入園者に共通する。

　そこに形成される自然観は、農における工業論理化の否定であり、人為をできるだけ排除しようとする考えである。そして、その代わりに市民農園では、自然であること、日光をいっぱいに浴びて育つことへの大きな期待がある。露地栽培へのこだわりである。それは収穫物が自身の食卓に直結し、かつ家族の健康と関連づけられるからである。それは見方を変えれば、身体感覚を伴った自然への大いなる信頼である。つまるところ、人為への不信と自然への信頼が市民農園における農の根本にあるといえよう。

　市民農園のいとなみは、都市生活者に季節を自覚させる。種子が芽を出し、葉を繁らし、実を付けるという植物自身のいとなみとともに、農のいとなみは農事暦を刻み、それは年中行事を意識させる。日本では農のいとなみが年中行事の成立と深く関わっていることは民俗学が明らかにしてきたことであったが、市民農園のいとなみもまた都市生活の中にあっては「小さな年中行事」となりえるのである。

　それは、時間の経過のなかに、[植付け・播種―収穫]という折

り目を作り出し、かつそれは人に収穫物を贈るという行為を伴う。市民農園をめぐる収穫物の贈答行為は季節を自分のみならず他者とも共有することである。そうしたことは、かつて祝事や祭事に餅が配られ、それによりその家の祝事が周りの人たちの知るところとなること、つまり儀礼の社会化 (安室 1999) と同じような意味を持つと考えられる。まさに市民農園における [植付け・播種―収穫―贈答] といった一連の流れは季節感を都市生活者にもたらし、都市における私的な年中行事としての役割を果たしているといえるのではなかろうか。

引用参考文献

・安室　知　1999　『餅と日本人―「餅正月」と「餅なし正月」の民俗文化論―』雄山閣出版
・安室　知　2003　「もうひとつの農の風景」篠原徹編『現代民俗誌の地平1―越境―』朝倉書店
・安室　知　2006　「田園憧憬と農」岩本通弥他編『都市の暮らしの民俗学1―都市とふるさと―』吉川弘文館

第Ⅱ部
都市と農村を結ぶ文化資源

第1章　都市農のゆくえ
―農が仲介する都市と農村―

1　都市生活と農

(1) 農にみる"自然"

　何に"自然"を感じるか、何をもって"自然"とするかは人それぞれ
である。出自や現在に至る生活環境など、その人の背景にある歴史
と地域性、民族性に関わって、それは大きく影響される。動物相や
植物相を取り上げて、ある地域の"自然"を説明することはできて
も、その"自然"が意味するところは人によってかなり違ってくる。
また、気候など物理的な環境としての"自然"は万人に等しく存在す
るが、どういった情況でそれに"自然"を感じるかはやはり人それぞ
れである。つまるところ、"自然"とは文化である。

　人にはそれぞれ意味のつまった自然と空疎な自然とが存在する
(大槻 1988)。『おばあさんの植物図鑑』(斉藤ほか 1995) を見ると、そ
れがよく理解される。山あいの落人部落として知られる椎葉 (宮崎
県) に暮らしてきた"おばあさん"はときに自然科学の分類学を凌駕
する緻密さで山の植物を分類している。椎葉という地域にあって生
活とともに発見し体得した知識である。この"おばあさん"にとって
の山やそこに生える植物は海辺で漁をして暮らしてきた人びとが見
る山とはたとえ同じ椎葉の山を見ても違ったものとなる。その代わ
り海辺の漁師は海や魚に関して膨大な民俗知識を持つことになるわ
けで、おのずと山に暮らす人びととは自然観を異にしている。椎葉
の"おばあさん"にとって山は意味の詰まった自然であるが、海は空
疎な自然ということになる。

　言い換えるなら、植物図鑑や魚類図鑑で調べることのできる動植物は山や海そして都市といった生活環境を問うことなく万人に共通する最大公約数的な自然ということになるが、生活者の目（感性）を通したとき地域の自然はけっして図鑑通りではない。かつて、そうした知識は地域における生活体験を通して個人のものとして蓄積されてきた。そのため、知識の内容は個人的で地域性が強く、一般性・汎用性はない。しかし、その地域に暮らすにはとても大切な知識となるのである。少なくとも、自然に親しみ、それを利用する、そうした生活を送るには不可欠な知識となっている。また、それだからこそ、一般性・汎用性はなくとも、多くの人に共感をもたらす力を持っているといえる。

　当然、都市の中にも自然は存在する。都市生活者にとって自然はおそらく農村や漁村に暮らす人びととは違ったものとなる。そうした中、都市生活者が手で直に触れることのできる自然として、農は現代社会においてさまざまな意味で重要な役目を果たすことになる。たとえば、季節感が失われがちな都市生活においては、まさに農における［播種―開花―結実］といった一定のリズムは都市生活者に季節感を蘇らせてくれる。

　本章では、都市生活者の自然観および自然に対する都市生活者の感性について、農とのかかわりから考えてみることにする。その上で、現代においては農が都市と農村を結ぶ文化資源として機能していることを明らかにする。

　ただし、ここで言う農とは狭い意味での農業だけを指しているのではない。経済行為としての農業や趣味の園芸を含むところの、植物（ときに動物も）を育てる行為全般およびそれにより導かれる感性そのものである。したがって、農業にとって不可欠な要素となる経済性は、農にとっては一つの選択的要素にすぎない。言い換えれば、経済性は人が農を始めたり継承したりするときの必要条件とは

ならない。

(2) 農の内部化

　柳田国男は、著書『時代と農政』のなかで、田園都市論など1910年（明治43）当時における欧米諸国の流行を例に引きつつ、都市と農村の関係について以下のように語っている（柳田 1910）。

　「かの『鄙の中に都を、都の中に鄙を』と申す流行の語は、つまり田舎の生活を改良し、従来都市にのみ備はって居た健全にして且高尚なる快楽を成るべく田舎にも与ふるやうに力め、更に都会の方の人たちには田舎生活の清くして活々とした趣味を覚らせるやうにすることであります。学校に行く子供の為には狭くとも周囲の地面に花園を作って与へ、又二階三階のごちゃごちゃした所に住む者の為には窓園芸、物干場園芸等、植木鉢栽培の知識を開くの便宜を与へ、力めて天然に接触する機会を多からしめ精神を怡ばしめるのであります。我国に於ても都会の人間に田園生活の趣味を解せしめる機関を段々発達させて行くことは最も必要であります。」

　また、柳田は、日本人の特性として、春になると野にでて遊ぶ習慣のあることを挙げ、それは「正月の餅程度に欠くべからざる年中行事」だとして、都市生活でもその習慣は変わらず、そのために都会には草木の生える公園がとくに多く必要であると説いている（柳田 1927）。柳田は都市における年中行事の新たな創生を農の中に予感している。

　現代日本においては、柳田の分析のように、都市生活者と農との関わりは、具体的に2つの動きとして現れてきた。ひとつは、都市内部に農を作り上げようとする動きで、いわば農の都市域への内部化である。それには、まず第一に農の持つ魅力をさまざまに見いだし、かつそれを資源化する、第二にそうして見いだした資源を都市生活に取り込むという工程が必要である。

　それは個人レベルの活動から都市計画のような行政施策的な規模のものまでさまざまである。たとえば、柳田も注目する窓辺におかれる植木鉢ひとつから都市公園や寺社叢林まで、それはさまざまなレベルで企画され実践されている（写真2-1-1）。園芸やガーデニングブーム、市民農園・農業公園の活動、植木市・盆栽市といったものはそうしたバリエーションの中にある。

写真2-1-1　玄関口の植木
上　京都の町家（左京区）
下　東京の下町（台東区）

　そうした都市への農の内部化の動きには、大きく分けて2つの志向が認められる（安室 2006）。具体的に、農の内部化により志向されるものとしては、①「園芸」への志向と②「前栽」への志向の2つがある。①は、たとえば近世期に変化朝顔の栽培が広く都市文化として花開き、その伝統は現在も受け継がれていることに見て取れる。また、その一端は西欧から移入されたガーデニングブームにも繋がっている。それに対して、②は、自給的な作物栽培への志向といえるもので、都市にとどまらず農村部においても前栽畑や汁の実畑・七色畑などと呼ばれるキッチン・ガーデンとして昔から受け継がれてきた。それはとくに地方都市においては近

年までみられたもので、また大都市域においても市民農園や農業公園への志向と重なっている。①を象徴するものが花壇であり植木鉢とするなら、②を象徴するのはまさに畑(耕地)である。

(3) 農の外部化

　都市生活者と農との関わりを示すもうひとつの動向として注目されるのは、農の外部化である。それは、近代化の進展とともに都市内部において農(およびそれにより導かれる自然)に触れる機会が減少してゆくなか増加していった。多くの場合、都市と農村を結ぶモータリゼーションなど交通の発達と呼応している。

　本来、都市生活者の多くはその何代か前をたどると農村から出てきた人であり、そのため多くの都市生活者は「土の生産」から離れた「漠然とした不安」を抱いているといったのは柳田国男である(柳田 1929)。田園へのあこがれとともに、そうした「漠然とした不安」が都市生活者を農村へと向かわせる背景にはあるといってよい。

　都市における農の外部化も、内部化と同様に、第一に農の持つ魅力をさまざまに見いだし、かつそれを資源化することから始まり、第二に見いだした資源をもって都市生活者を誘引する仕組みを作る必要がある。

　そのため、現在、農の外部化は、農村部への行楽活動として個人がおこなうものだけでなく、グリーンツーリズム・山村留学など行政が後押しするかたちで積極的に進められている。1990年代に国土交通省(当時、建設省)により推進された「道の駅」はその成功例であるといってよかろう。ただし、行政としては、都市生活者のためというだけでなく、むしろ農村の振興に力点を置き、そのために農村と都市との交流を活発化させる意図も大きい。そのため、そうした施策を推進するのは農水省など農業を所管する部局であることが多く、先の都市への農の内部化の場合とは違って、環境整備や都市

計画を所管する部局は
むしろ脇役である。

　また、農の外部化の
典型的な動きとして
は、①余暇活動として
の農（たとえばグリーン
ツーリズム）と、②仕事
としての農（たとえば就
農）、といった2つの
志向をみることができ

写真2-1-2　滞在型市民農園（クラインガルテン）
　　　　　　―山口県周防大島町―

る。①は都市民による農村へのツーリズム的な動きであり、余暇活
動として自然体験や農業体験を楽しみたいという欲求であるといっ
てよい。先の「道の駅」もその一端に位置づけられる。また、余暇
活動といいながらも、なんらかの教育的要素が加味されていること
も、ひとつの特徴となっている。そして、都市に内部化された農
（たとえば市民農園）に飽き足らない層による貸し農園や滞在型市民
農園（クラインガルテン）への求めとも重なってくる。

　それに対して、②はひとことで言えば、都市生活者における農村
や農業への回帰の動きである。ときに田園就職とも称される就農に
はいくつかのパターンがある。ひとつには、農を生業とするため都
市を離れ農村へと移住をするもの、いわゆる「脱サラ就農」であ
る。それとは別に、もともと生まれが農家であったものが、会社の
定年後に実家を継ぐために就農するもの、つまり「定年帰農」であ
る。さらには、農業の経営規模は小さく、よって農業収入に頼るこ
となく、それまでの仕事を退職することによって得られる年金によ
り生計を立てるもの、つまり「年金百姓」である。ただし、上記の3
パターンで就農者がきれいに色分けされるものではなく、たとえば
定年帰農した人が同時に年金百姓であるということはありえる。

　ここに挙げたのは代表的なもので、この3つ以外にもさまざまな就農のパターンがある。それは就農を決意する都市生活者の状況とともに、受け入れる農村側の状況もやはり多様だからである。

2　都市農という問題設定

(1) 都市農の近代

　もともと都市と農とは相反するものではなかった。たとえば、考現学者で建築家の今和次郎は、江戸をはじめ近世の都市は、「田園的な風格」を有していたとし、屋敷の裏手に前栽畑を持ち、一家の副食物を生産していたことに注目している (今 1945)。

　また、民俗学者の柳田国男も、屋敷内の前栽畑を例に挙げて、近世には都市と農とが共存していたことを指摘している。さらに柳田は、近世都市では「尚各家に細小の面積を私営して、そこに何等かの生物を産して見なければ、慰められないという者が多く有った」とし、単なる見た目の美しさとは別に農がもたらす産物の精神的な効能を強調する。

　そうした状態から「新しい移住者だけが農を忘れて後に町の中へはいって来た」ために、近代では都市と農との関係が薄くなったと考えた (柳田 1929)。つまり、近代における農村から都市への急激な人口移動が、かつてあった都市と農との共存関係を崩壊させたというのである。日本では近代化とともに、本来は都市にも備わっていた農的な機能が失われていったことを意味する。

　そうした状況において、昭和の始め (1920年代後半)、足掛け2年6か月に及ぶヨーロッパ赴任から帰国したばかりの柳田は、都市において庶民が庭園を求めていることの表れとして、ヨーロッパ大都市の郊外に流行する「市民専用の圃場」に注目している。いわゆる市民農園のことであり、柳田はそれを「帰去来情緒」の生み出したも

のと考えていた (柳田 1929)。

　また、今和次郎は太平洋戦争中に書いた文章の中で「自家用菜園の問題は、実は 食生活の意識化という声と平行して全国的な問題として取上げられつつある課題だったのである。なるべく多種多様な、季節別の種まきを集約的に実施して、少なくもビタミン補給の役だけは各自の宅地まわりで果たさしめるようにする方針は、時局のいかんにかかわらず国民運動として促進さるべき性質のもの」としている (今 1945)。

図2-1-1　『家庭之園芸』表紙

　今の場合、「食生活の健康化」とともに、「自家生産の野菜には特有の味がある」とし、そこには「自分自身の勤労や仕事からの喜び」つまり「慰楽性」が存在するとしたことは注目に値する。これは、後に述べるように自家菜園としての市民農園が環境思想の市民化・大衆化と結びつき新たな展開を生むことを予見させるものである。

　今が「国民運動」とまで言ったことをみてもわかるように、近代以降、都市における農でもっとも実益性が強調されたのは、1940年代、太平洋戦争の戦中戦後における食糧難のときであった。しかし、その30年ほど前の1910年代には大正デモクラシーを社会背景として、日本ではじめて都市生活者に園芸の趣味を説く雑誌が創刊されている。それが家庭之園芸社刊『家庭之園芸』(月刊誌、1913年6月から1914年9月) である (図2-1-1)。

　当時はまだ現代に比べると都市内部に多くの家庭菜園が存在していたと考えられるが、そうした庶民がおこなう実益性の高い野菜作りではなく、趣味性を重んじた「家庭の娯楽」「新清なる遊戯」とし

ての園芸が上流家庭の婦人に推奨されるようになる。「高尚にして愉快なる園芸の業は家庭の教訓となり運動となり、緩和剤ともなる」とする。そうした園芸に婦女子がいそしむのは「家庭を花やかにし賑はす」こととなり、それはひいては「国家の大事」につながるとする（家庭之園芸編集部 1913）。本雑誌は、大正時代の女性開放思潮に対して批判的な論調が目立つものの、近世以来の盆栽や朝顔をはじめとする園芸文化を引き継ぎつつ、ダリアやグラジオラスといった新しい花々や欧米のガーデニング文化をいち早く紹介するものとして興味深い。

　こうした園芸雑誌の存在は日本が第一次大戦を経て十五年戦争に突き進む前の一時の平穏を象徴している。またそれは、国民生活にとっては戦時下という異常事態に陥ることでいったん伏流化してしまうことになるが、本来日本の都市には農に親しみ、自然を愛でるという文化の流れがたしかに存在することを教えてくれる。

（2）都市農の現代

　都市農は、その後15年に及ぶ戦争に突き進むなか、趣味性を強調した園芸は影を潜め、都市生活者による自給的野菜作りを中心とした農園作りを説く書物がさかんに刊行されるようになる。明らかに農の効用が「愛でる」から「食す」ことに大きく転換したといってよい。

　たとえば、1943年(昭和18)には、『大衆読本　空地ハ我家ノ農園ニ』(井上 1943)が出版されている。これは、同書の序にもあるように、あきらかに戦時下の食糧増産を目的とした都市生活者向けの蔬菜栽培指導書である。技術指導的な本文のあとには、付録に戦時スローガンとして「戦災ヲ受ケタ焦土ヲ一日モ早ク野菜畑ニシマセウ」・「疎開跡地ヲ野菜畑ニシマセウ」といった一節が附されている。これは明らかに、国家的立場から、戦災や戦時疎開のために生

じた都市内部の空き地を農園に有効利用することを勧めるものである。

　また、終戦後には、雑誌『家庭と農園』が家庭と農園社から刊行されている。これもやはり戦後の食糧難時代を乗り切るため、野菜を中心とした農園の作り方や家庭でできる農産物加工の方法を解説するものである。

　1943年（昭和21）3月の創刊号には、同誌編集部の「編集メモ」として、「食糧問題の最も健全な対策の一つとして、家庭菜園についての緊密な研究が実行されなればならぬ」とし、「"家庭と農園"は実際に即した『技術解説の平易化』ということに狙いを置いて」いることが示される。また、続く第2号（1943年4月）では、より明確に「本誌はあくまで実際に役立つ『菜園のハンドブック』」たらんとすることが宣言される。

　そして、戦乱に伴う食糧難が解消されるとともに、食料生産という実益性を重んじた雑誌の存在価値も薄れ、1949年5月の4巻5号を最終刊として同誌は廃刊されることになる。その最終号に編集者が記した「後記」は後に登場する市民農園のあり方および前栽畑と市民農園の関係を予感させるものとして注目される。少し長くなるがそれを引用してみよう。

　「戦時中にスタートした家庭菜園は早くも数年をへて、当初に比較するといろいろの意味で大きな発展をとげましたが、同時にわたしたちに大きな利益をもたらしたことは、都会の人々に土に親しみ作物を作ることの楽しみを知る機会を与えたことです。都市家庭農園も食糧事情の向転と共にようやく第二歩の段階を迎え、国民の健全とレクリエーションの上に真に有意義なものとして提唱されるようになりましたことは、同じ道を歩んで来た本誌としましては一応その指命を果せ得たかの感を深くするところです。」（農園社編集者　1949）

　その後の日本は高度成長期を経て、都市農はようやく「第二歩の段階」を本格的に迎えることとなる。この第二歩の段階とは、いわば「生き甲斐」の模索と「健康志向」に象徴されることは後に述べるとおりである。この点はまさに先の柳田国男や今和次郎の予見を裏付けるものとなっている。

(3) 都市に適合する畑

　プランターや植木鉢といったものを除くと、日本の場合、主な農の空間は水田と畑ということになる。しかし、都市に内部化された農の場は、たいていの場合、畑に特化している。水田が一般市民に開放されて市民農園となることはほとんどない。それは、農の体験の場としてみたとき都市におけるひとつの大きな特徴となる。市民農園を通して体感される農は畑に偏っているといってよかろう。その意味で言えば、水田は農村、畑は都市の農的空間としてイメージ化されている。

　そこに、都市農を介して形成される自然観がよく現れている。それは、市民農園に集う人びとの自然観に代表されるといってよい。柳田国男が指摘するように、畑は水田に比べると、はるかに自由な利用がなされてきた耕地である（柳田 1900）。歴史的に見て、畑は為政者の関心が薄い反面、農民自身の「意志と自力」で維持発展してきたものであるという民俗学者宮本常一の指摘とも通ずる（宮本 1959）。

　そう考えると、市民農園に畑が選ばれた理由が理解される。以下4点に分けて、水田と対照しつつ解説する。
①畑は使用形態が可変性に富むこと
　畑は耕地として細分化して使うことが容易であるのに対して、水利で複雑に結びつけられている水田は独立した耕地として細分化することは難しい。市民農園として平均的な1区画15㎡では、もしそ

れを水田とした場合、一枚ごとに独立して運用することは水利を考えると技術的にも経済的にもほとんど不可能である。

②畑は入園者による自由な土地利用が可能なこと

　水田は通常イネしか植えることができないのに対して、畑は多くの畑作物の中から耕作者の都合や嗜好に合わせて自由に作物を選択することができる。つまり、作物において耕作者による選択肢の幅が畑は水田に比べると大きい。

③畑は専門の農業者でなくとも耕作が可能なこと

　畑の場合、作物によっては、ほとんど手をかけずとも収穫できるものが多くある。とくに自家消費を目的とするものはその傾向が高く、植付け・播種後は水やりと簡単な草とり以外は収穫までほとんど何の世話もすることなく、なかにはいわゆるステヅクリ（捨て作り）されることもある。もちろん畑作物には高い栽培技術を必要とする作物もある。つまり、畑での栽培は技術的に低い水準から高度なものまで幅があり、多様な技術水準にある人がたずさわることが可能である。それに対して、水田稲作の場合には、水利の整備まで含めると身に付けるべき技術の絶対量は多く、ある意味プロフェッショナルであることが求められる。水利組合のような稲作を維持するために不可欠な共同体においては、ある一定の技術水準に達していないと他の農業者に迷惑をかけてしまうことになる。

④畑は個の空間として利用することが可能なこと

　畑では、個人が好きなときに耕し、好きなものを植えることができる。水田の場合は、水利や田植えに見られるような共同労働が不可欠な要素となり、個の都合が規制されることが多いが、畑では出荷を目的としないかぎり、そうした共同性はほとんど必要ない。そのため、畑は水田に比べ、耕作者が自身の裁量により自由に耕作することができる。

　以上、畑が市民農園に用いられた理由であるが、こうしてみてく

ると、市民農園には市民農園ならではの自然観が形成されていることに気づく。それはひと言でいえば、畑作的自然観ということになろう。その特徴を水田的自然観と対照してみると以下の4点にまとめられる。

①水田水利にみられるような共同体規制は存在せず、自然への対応において人同士の共同性が乏しいこと。

②農耕暦は水田稲作のような年間を通した詳細な耕作リズムを持たず、[播種―収穫]という単純なリズムを作物ごとに繰り返すこと（多種の作物が並行して栽培されるため、[播種―収穫]リズムがときに重層しながらモザイク状に組み合わされている）。

③農繁期にはたとえ雨でも野良に出て農作業をしなくてはならない稲作とは違い、畑作では「雨が降れば休み」「寒ければ作らない」といった自由で自己優先的かつ自然に順応的な感覚がみられること。

④人対自然という二項対立的自然観は薄いこと、つまり技術をもって自然を改変しそれを維持管理するという意識が低いこと。

　これまで民俗学が明らかにしてきたように、水田稲作は政治や経済だけでなく、日本人の美意識や生活感覚および民俗文化の形成に深く関わってきた。一方、畑作は歴史的にみると制度的また精神面においても日本人を規制する力は弱かった。そうしたことが、畑の方が都市生活者のライフスタイルに合わせやすく、自由な発想のもと畑作を都市内部に取り込むことが可能となった背景にはある。

3　農が仲介する都市と農村

（1）棚田のイメージ

　畑が実際に市民に農を体感させるものとなるのに対して、水田は畑とは違った側面をもって市民生活と関わってくる。ひとつは、水田は日本文化を象徴するものとして教育や地域振興といった場にお

いて用いられる。たとえば、棚田が地域資源として都市と農村との
交流の場とされたり、また棚田風景が日本文化の原風景として喧伝
されたりすることにそれはよく現れている。

　民俗学や歴史学において稲作単一文化論が批判されて久しいが、
1990年代以降、行政レベルではむしろその傾向は強まっており、
かつそれは国家的な取り組みとして推進されてきている。そうした
意味から、日本はいまだ教育や文化行政のレベルにおいて、「豊芦
原の瑞穂の国」のままであるといってよい。

　注意すべきは、文化資源としてみた場合、水田と畑とは峻別さ
れ、とくに水田においてその風景に「美しい」「貴重な」「原風景」と
いった価値づけがなされることである。それに対し、畑作風景には
そうした価値づけはほとんどなされない。そのことは、歴史的に見
ても、近世の四季耕作図や洛中洛外図屏風などの絵画や詩歌に登場
する田園の多くは水田景観であり、近代の都市生活者における田園
憧憬の対象もやはり水田景観であることを考えると、前記のような
文化資源としての価値づけが水田に対してなされるのはある意味、
歴史的延長の上にあることだといってよい。

　その最たるものが棚田である。現在の文化行政における棚田の位
置は異様ともいえる。1999年（平成11）の農林水産省による「日本の
棚田百選」の認定以降、2005年には「重要文化的景観」として文化財
指定の対象となるなど、一気に拡大した棚田ブームとは裏腹に、棚
田に関してはその保存や活用をめぐって行政の作為や政治的意図を
検証しようとする研究者側の議論は盛んである。しかし、研究のレ
ベルとしては、それはある意味、「創られた伝統」論やフォークロ
リズム批判のブームに乗っているだけで、議論としては底が浅いと
いわざるをえない。

　そうした議論において、生業の視点に立った検証がいっさいなさ
れないのはなぜなのか。本来、歴史的にみて、日本はどんなに稲作

写真2-1-3 棚田百選の棚田
　　　　　上 蕨野の棚田（佐賀県唐津市）
　　　　　下 姨捨の棚田（長野県千曲市）

に特化したとはいっても全耕地面積の60％が水田化されたにすぎない。つまりは少なくとも40％は畑であったわけである。また、たしかに近代以降、水田化率が90％を超えるような稲作に特化した、いわゆる稲作単作地が各地に形成されたが、そうしたところでさえ生計維持の面からすると、どの農家も前栽畑などと呼ぶ自家用菜園（キッチン・ガーデン）を持つのが当たり前であった。

　とくに、棚田が存在する中山間地は水田化率は元来それほど高くなく、当然のことながら稲作単作地ではありえない。また、1軒の家を見ても錯圃制（耕地の分散所有）を基本とするかつての土地所有のあり方では、棚田地域にのみ水田をまとめて持つことはなく、仮に棚田地域に1枚あれば平場にも1枚あるというように水田は必ず分散所有されていた。

　さらに言えば、棚田は耕地としては地滑りを起こしやすいため、たえず畑になったり田に戻ったりを繰り返してきたし、またわずか1世代前には自ら山をタホリ（田掘り）して棚田を作ったという人の話はいくらでも聞くことができる。つまり、棚田は太古から続く原

風景などではけっしてない。

　それが暮らしの実態であるにも関わらず、棚田だけが地域の生業から切り取られ、それが本来のあるべき風景としてことさらに喧伝される。しかも、ときには「日本の棚田百選」のように、いかにも選りすぐりのものであるかのようなイメージが貼付されたことはやはり問題であろう。本来、棚田がある地域は畑も多く、それを取り巻く山も豊富な地域で、生計上は多種の生業を複合した生計維持のあり方を志向する地域である。

　以上のように、棚田は、地域の生活や生業の実態を無視して、現在「美しい」「貴重な」「原風景」として日本人の精神性に結びつけられつつある。そのように棚田により民俗や歴史が特定の方向に読み替えられたり改変されたりしようとしている点は、皮肉にも水田風景が日本人にとって今なおなんらかの情動を持って受け止められていることの証左であり、それだからこそ特定の思想や政治性を帯びやすいという危うさがあることをあらためて教えてくれる。棚田のイメージはそうしたことをわきまえた上で文化資源化されなくてはならない。

(2) 田んぼは"学校"

　化学化・機械化が進む高度成長期以前の伝統的な稲作は、日本においては生物多様性や景観など環境の保全に役立つとされ、そのことにより水田は環境教育の場として積極的に評価されるようになる。それは、ワイズ・ユースや持続可能性といった環境思想の一般化・大衆化の流れの中で、1990年代になると急速に進む。その代表的な例が「田んぼの学校」ということになろう。後には、それに倣って、「ナマズのがっこう」(宮城県登米郡)、「メダカの学校」(栃木県宇都宮市)、「どろんこ学校」(秋田県稲川町)、「ワンパク田んぼ塾」(香川県白鳥町) など類似の活動が全国各地でおこなわれるようにな

る。

「田んぼの学校」は、1998年(平成10)に当時の国土庁・文部省・農水省の三省庁合同プロジェクト「国土・環境保全に資する教育の効果を高めるためのモデル調査」において、水田や水路、溜池、里山などを遊びと学びの場として積極的に位置づけ、環境に対する豊かな感性と見識を持つ人を育てること、またそのことを通じて自然と人との共生、および都市と農村の共生をはかることをねらいとして提唱された(加納 2001)。こうした動きを受けて、1999年度には農水省の外郭団体である農村環境整備センターにより「田んぼの学校」支援センターが開設され、水田や溜池を活用した環境教育の推進、指導者や実践者の養成とネットワークづくりなど、「田んぼの学校」の普及が図られている。

水田を環境教育の場とすることの意義は体験と実践にある。机上の教育がもつ限界を越えることが目的とされる。だからこそ、田んぼの学校では稲作体験や水田漁撈体験といった実践プログラムが重視される。稲作労働に内在する娯楽の機能を引き出し利用するものである。昭和30年代以降途絶えていた水田漁撈が環境教育に取り入れられたのはその娯楽性が評価されてのことである(安室 2005)。

また、田んぼの学校などにより積極的に環境教育の場として用いられるようになった水田は、同時に地域おこしの素材となり、さらに現在では食育運動の啓蒙の場ともなっている。そのとき、注目されるのは田んぼそのものであり、そこに形成される二次的自然の潜在力である。当然、そうした活動では、水田の生物はイネのような人により栽培されるものよりは、水田魚類に代表される野生の動植物の方が重要視される(安室 2005)。野生動植物の方が水田のもつ生物多様性を実感させるには好都合だからである。そのもっとも象徴的な存在がビオトープ水田であろう。

田んぼの学校やビオトープ水田といった取り組みが単なるブーム

に終わることなく、また棚田のように政治的な意図を帯びたりせずに、人と自然とを結ぶ架け橋になることが期待される。水田はそれだけの潜在力を秘めた空間であると筆者は考えている。

(3) 田園の創造

　田園とは、農村における人と自然の関係に対して都市民が抱く一種の情景であり、都市民が発見した美意識である（安室 2006）。したがって、都市民は田園をあこがれの対象として捉え、時に現実を見ることなく美化してしまうことがある。たとえば、前述の棚田ブームなどはそうした要素が大きい。そのため、近代以降、後に述べる田園都市構想のように、田園は積極的に都市生活に取り入れられてきた。

　都市における田園として、水田と畑はともに重要な構成要素ではあるが、興味深いことにその扱いは大きく乖離している。それぞれに純化され、両者の耕地としての共通面よりも差異の方が強調される傾向にある。とくに行政が市民生活の中に田園を取り込もうとするとき、水田と畑とはまったく違うものとして扱われてきた。いわば、行政的には田園風景は2つ存在することになり、それは明確に使い分けられてきた。このように水田と畑を峻別する捉え方は、都市生活者の自然観にみられるひとつの特徴である。

　行政施策としては、水田を中心とした田園風景は、都市の中では自然公園として保全されたり、またビオトープ水田のように新たに創造されたりしている。その特徴は伝統的な稲作を体験するとともに、景観としてまた生物多様性など多面的機能を体現する空間として都市計画の中ではことさら重視されてきた。さらにいえば、谷津田（谷戸田）のように水田とそれを取り巻く山や小川・溜池が一体となることで、現代では田園憧憬の象徴的存在となった感のある「里山」を演出してきた。

　それに対して、畑は田園憧憬の対象とされることはなく、むしろ
その実用面に注目が集まる。とくに行政においては具体的で体験的
なものに畑のイメージや価値は限定されていった。一例をあげれ
ば、都市における希少な農業体験の場として注目される市民農園に
用いられるのは水田ではなく畑である。

　以上のように、行政の立場からすると、都市内部における水田と
畑の対照は明確である。水田は日本人の美意識など精神性にまで及
ぶものとされるのに対して、畑は農業体験という実践性にのみ期待
が集まる。

　都市に田園を取り込もうとするとき、水田と畑の扱いを明確に区
別するのは、日本における行政の特徴である。しかし、本来日本の
田園風景は、水田と畑を分けて捉えられるものではなかった。日本
の農村は、民俗学において複合生業論が明らかにしてきたように、
たとえどんなに稲作への特化が進んでいても、そこでは自給的生計
活動として畑作や漁撈がたえずおこなわれてきた（安室 1998）。つま
り生計維持の視点に立てば、畑のない農村はなく、畑を伴わない田
園風景はない。さらにいえば、そこには里山や小川（用水路）といっ
た半自然（二次的自然）空間も付属してある。そうしたものがすべて
備わり、その総体として農村生活が成り立つのであり、実体として
の田園風景ができあがるのである。

　しかし、それが現代社会にあって市民生活に取り込まれるとき、
水田と畑とは峻別され、施策的にもまったく別なものとして対象化
されていくことになる。これをすべて行政の作為ということはでき
ない。近代以降増え続ける都市生活者の意識もそれに近いものが
あったといえ、それが種々の行政施策に反映したと考えることの方
が自然である。都市生活者にもとから存在した水田と畑とを区別す
る意識が、行政により増幅されていったのである。

　それは、まさに近代の都市生活者であった柳田国男が、古くから

の伝統であり日本民族にとって欠くことのできないものと位置づける水田(稲作)と、新来の技術でありかつ国土の荒廃を招くものとしてマイナス評価する畑(畑作)との間に抱いていた一種の違和感に通ずる(安室 2001)。

(4) 田園都市の試み

田園都市とは、19世紀末にイギリスにおいてエベネザー・ハワードにより提唱された都市計画の考え方である。都市の適正規模、産業の自立性、周辺農村との調和という3つの柱からなる都市構想である。田園都市の考え方は提唱されて間もない1907年(明治40)には早くも内務省官僚によりヨーロッパから日本へもたらされている(図2-1-2)。洋才の摂取に旺盛だった当時としても異例の関心の高さであるといえよう。

その内務省官僚により著された『田園都市と日本人』には、「わが邦の都市農村は、その形より言えば、つとに泰西人士の唱道せる田園都市、花園農村に比してむしろ優れることありとも、決して劣るところなきをみるべし。いわんやわが同胞の田園生活をとうとぶことは、つとに歴史の存するありて、田園の趣味そのものが、わが祖先以来の心裡に深き印象を留めたること、由来のすでに久しきものあるにおいてをや」(内務省地方局有志 1907)といい、西欧において田園都市が提唱される以前から日本の都市には田園の要素が備わっていたこと、および日本人にはもとより田園生活を尊ぶ気風があったことを指摘している。

こうした田園都市論は行政や都市計画の分野だけでなく、民俗学者もいち早く注目していた。柳田国男は1920年代にはすでに田園都市論を興味深いものとして取り上げ、その効果については注意深く観察する必要があると語っている(柳田 1910・1929)。

そうした柳田に対して、ちょうど同じ頃、今和次郎は建築家らし

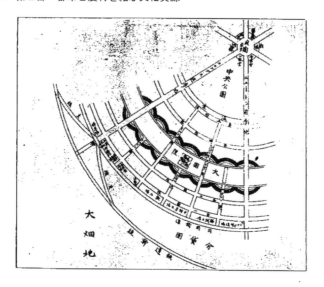

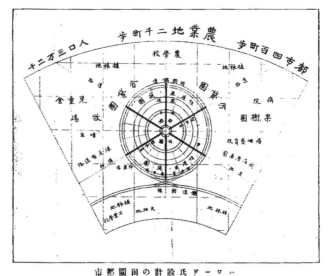

図2-1-2　内務省官僚により紹介されたハワードの田園都市
　　　　　出典 (内務省地方局有志 1907)

く田園都市には興味を示しながらも、きわめて慎重なまなざしを向けている（今 1918）。日本の場合、近代都市にあっては都市にも田舎にも欠点があるため、両者の美点を調和することは困難であり田園都市論には一般性はないと考えていた。つまるところ、都市計画は「自然生活万能主義」に陥ってはならないというのが、今の主張である（今 1917）。「田舎くさい田舎を、次から次へと訪問して、二週間も農村の人たちの顔ばかり見て歩いていると、うっすらとセンチメンタル」になり、「東京の街でコーヒーでも一杯飲みたいな、と都会が恋しくなる」（今 1952）と語る今は柳田に比べ建築家の感性としてモダンな思想を持っていたといえるし、手放しに農村の美点を礼賛し田園都市論にくみすることもなかった。

　田園都市については、そうしたさまざまな反応のなか、1950年代には具体的な都市計画として、東急グループにより多摩田園都市が構想され実施に移されている。また、1980年には田園都市構想グループ（梅棹忠夫議長）により、政策研究報告書として『田園都市国家の構想』が刊行されている。そうした流れを受けて、1990年前後になるとまた田園都市論は環境政策の一つとして再評価されてきている。たとえば、『環境白書』（1989年版）には、都市における生態系循環の再生を目指した環境政策として、「人と環境の共生する都市＝エコポリス」が提唱されている（環境省 1993）。これは当時の「ふるさと創生」事業を背景とした新たな田園都市構想である。

　このように、近代国家の建設途上から現在に至るまで、ほぼ一貫して日本においては国家的な関心事として、都市と農の調和を志向する田園都市の構想が存在していた。そうしたなか、日本の民俗学は近代学問としてその体裁を整えつつあった1930年代において、先の柳田の言に象徴されるように、ことさら強く田園都市論に引き寄せられていった。歴史的に見て、田園都市論への関心が高まるのは西欧文明に追いついたと日本人が自覚したときであるという指摘

（香川 1980）は、近代学問としての日本民俗学の成立と相通じるものがあるといってよかろう。

(5) 農が仲介する都市と農村

　民俗学はたえず生活者の視点に立つべき学問であるはずなのに、農に関してはいつしか生活者の感覚を失い、ひどく偏った見方しかできなくなってしまった。農を支えるのは農村や農家であるとし、さらにそれは都市や都市民の対極にあるものとしてきた。そこには、柳田国男以来、現在に至るまで、「都市と農村」という対置的構図が厳として存在している。

　さらにいえば、現代の民俗学により描かれる農村像は、その実態を写すことなく、たとえば過疎・高齢化の問題のように、最初からマイナスイメージに押し込められてきた。過疎・高齢化の代名詞のごとく言われる現代の限界集落論はまさにその典型である。なぜそれでも山間の村に生活し続ける年寄りがいるのか、なぜその理由を彼らの語りのなかにきちんと見出そうとしないのか、そうしたところに暮らす年寄りに生きがいや笑顔はないとでもいうのだろうか。それは民俗学が、過疎・高齢化といった問題を捉えるとき、「過疎・高齢化」＝「伝承母体の衰退」＝「民俗学の危機」という文脈でしか論じてこなかったことと無縁ではなかろう。当初民俗学は現在学であり、経世済民の学問であったはずなのにである。

　そうしたいわば都市の側に偏った一方的な見方では、現在の農が抱える問題について未来を見据えて考えることはできない。それは、過疎にしろ高齢化にしろそれらを扱った民俗学研究のほとんどすべてが農村に関して未来を描けないままであったことをみても明らかである。現在学といいながら、民俗学は本当の意味で生活者の視点に立って現代における農について考えたことはない。もっとも多く農村を見てきたはずの民俗学がなぜ限界集落論に表立って反論

することができないのか、自問する必要があろう。

　そうしたとき、現代の農を考える上で忘れてはならないことは、都市と農村、および都市的な生活と農とは対置的関係にあるのではなく、むしろ現代生活の中ではその境目は不分明となり、またときに相互浸透的でさえあるということである。現在、エコツーリズムやエコミュージアムに代表されるように、都市が農村に、また農村が都市に期待し歩み寄る現象が顕著になってきている。そのとき、両者の歩み寄りに大きな役割を果たしているのが農であり、そのときの利器が農の文化資源化であるといえる。

　2000年時点で、農林水産省の統計では、日本には約14万の農業集落があるとされるが、平均すると1集落172戸のうち農家はわずか27戸に過ぎない（山崎 2000）。農業集落と規定されるものの、そこに居住するのはもはや農家だけではない。また反対に、県庁所在地のような中核都市の内部にあっても農業者は多数存在している。これまで民俗学が掲げてきた都市と農村という構図は現在を切り取る分析視点としてはもはや意味をなさない。

　そこで、都市と農村という構図をいったん解体してみたとき、農とはいかなる存在なのか考える必要がある。現代では、都市域において一見すると農業とは無関係に暮らす人びとは単に消費者としてしか農に関係してこないのであろうか。かつて筆者は、第1次産業人口が10％を切って久しい現代、都市的生活を送る人の多くはなりわいとしての農業ではなく、食料としての農産物にしか関心を示せなくなったのではないかと考えた（安室 1998）。しかし、都市と農村という垣根を取り払ってみたときには、それは一面的な見方であったと認めざるをえない。なぜなら、農は都市・農村を問わずさまざまなかたちで私たちの生活の中に入り込んできているからである。

　内閣府が2005年におこなった「都市と農山漁村の共生・対流に関

する世論調査」(内閣府 online：h17-city/)によると、都市住民のうち約38％は週末に農山漁村で過ごすことを望んでいるという結果が出ている。とくに団塊の世代を含む50才代にその傾向が強く、約46％に上っている。また、50代は29％が農山漁村への定住を希望しているが、同様に20代においてもその割合は30％と世代別では最も高くなっている。こうした結果を見ると、農への志向は、中高年世代だけの現象ではなく、若い世代にも根強いことがわかる。

引用参考文献

・井上重治郎　1943　『大衆読本　空地ハ我家ノ農園ニ』積善館
・大槻恵美　1988　「現代の自然」『季刊人類学』19巻4号
・香川健一　1980　「田園都市と日本人」内務省地方局有志『田園都市と日本人』講談社
・家庭之園芸社刊『家庭之園芸』(大正2年6月～同年12月)
・家庭之園芸編集部　1913　「発刊の趣意」『家庭之園芸』1号
・加納麻紀子　2001　「農業・農村の多面的機能を活用した環境教育『田んぼの学校』の取り組みと地域活動としての効果」『農村と環境』17号
・環境庁　1993　『環境白書―1989年版―』大蔵省印刷局
・今和次郎　1917　「都市改造の根本義」『建築雑誌』7月号(『今和次郎集第9巻』、1972、ドメス出版)
・今和次郎　1918　「都市計画の心理的基礎」『建築雑誌』6月号(同上)
・今和次郎　1945　『住生活』(『今和次郎集第5巻』所収、1971、ドメス出版)
・今和次郎　1952　「都市の美」『小説公園』昭和27年1月号(同上)
・斉藤政美(著)・椎葉クニ子(述)　1995　『おばあさんの植物図鑑』葦書房
・内務省地方局有志　1907　『田園都市と日本人』(講談社、1980復刻)
・農園社『家庭と農園』(昭和21年3月から24年5月)
・農園社編集者　1949　「後記」『家庭と農園』4巻5号
・宮本常一　1959　「畑作」『日本民俗学大系第5巻』平凡社
・安室　知　1998　『水田をめぐる民俗学的研究―日本稲作の展開と構造―』慶友社
・安室　知　2001　「民俗学における『畑作文化』とはなにか」『長野県民俗の会会報』24号

・安室　知　2005　『水田漁撈の研究─稲作と漁撈の複合生業論─』慶友社
・安室　知　2006　「田園憧憬と農」岩本通弥他編『都市の暮らしの民俗学1』吉川弘文館
・柳田国男　1900　「日本民族と自然」（『定本柳田国男集31巻』、1964、筑摩書房）
・柳田国男　1910　『時代ト農政』（『定本柳田国男集16巻』、1962、筑摩書房）
・柳田国男　1927　「都市建設の技術」『都市問題』4巻2・3号（『定本柳田国男集29巻』、1970、筑摩書房）
・柳田国男　1929　『都市と農村』（『定本柳田国男集16巻』、1962、筑摩書房）
・山崎寿一　2000　「都市農村共生時代の交流型市民農園の効果」『ＡＦＦ』31巻9号

引用参考ホームページ

・内閣府ＨＰ　online：http://www8.cao.go.jp/survey/h17/h17-city/　2006.3.4

第2章　環境問題としての食と農
—環境思想からスローフードまで—

1　環境問題と農—新たな農の取り組み—

(1) 環境問題からの問い直し

　現代において、農の問題は食と強く関係づけられる。そこに都市と農村の区別はない。スローフード (slow food) や地産地消、身土不二といった考え方はその典型といってよい。そうした考え方が登場してきた背景として、環境思想の一般化・大衆化は大きな意味を持つ。なかでも重要な環境思想の概念に「共生」(symbiosis) と「持続可能性」(sustainability) がある。

　環境問題を考えるとき、本来は生物学の用語であった「共生」が人と自然との関係を意味するキーワードとして用いられるようになる以前から、人は自然の回復力の範囲内で自然を利用すべきであるという考え方は存在した。おそらくそれは、第一の環境の時代とされる1960年代から70年代にかけて、環境思想が大きく人間中心主義から環境主義へと転換した時期に遡るであろう (鬼頭 1996)。ちょうど、環境問題について、記念碑的な啓発の書であるレイチェル・カールソンの『沈黙の春』(1962) やバックミンスター・フラーによる「宇宙船地球号」(1969) の考え方にそれは読みとることができるし、さらにその後はローマ・クラブの「成長の限界」(1972) やストックホルム国連人間環境会議宣言 (1972) にも明確に示されるようになっていく。

　一方、そうした自然回復力の範囲内で人が自然を利用しようという考え方は、より明確に「持続可能性」という用語を用いて提起さ

れてくる。持続可能性は生態系が永続性をもって維持されることを意味するが、それは現実的には永続的な開発や自然資源の利用のことである。そして、それはまさに第二の環境の時代とされる1970年代から80年代にかけてを象徴する概念である（沼田 1994）。

　環境白書を手がかりに、環境思想としての「持続可能性」の動向についてみていくと面白いことがわかる。白書において見出し語として初めてそれが登場するのは、80年代後半になってからである。「持続可能な開発」「持続可能な利用」「持続可能な社会」といった文脈で使われることが多く、90年代初頭（91、92年）においては総説の副題にもなっている。このように、「持続可能性」は、80年代後半に登場して以降、環境思想の一般化・大衆化を語る上で中心的な概念として現在に至っているといえよう。

　同様に、「生物多様性」（bio-diversity）も、1994年に登場して以降、現在まで見出し語として一貫して用いられており、現在においては一般化・大衆化した環境思想として中心的な役割を担っていることがわかる。

　それに対して、「環境にやさしい」というフレーズが環境白書に登場するのは90年になってからであるが、それははやくも94年を最後に見出し語としては使われなくなってしまう。そう考えると、「環境にやさしい」といったフレーズは、環境思想を皮相的に示す惹句であり一時の流行であったことがわかる。そうした流行語は一部の研究者や行政が用いていた環境思想を一般化・大衆化する上で大きな役割を果たしたが、一方でそれはさまざまな誤解を生み、それがため次々に新しい言葉に置き換えられていくことになったといってよい。スローフードや身土不二、地産地消も、その意味では、たえず時代の皮相にあって次々に置き換わってゆくものと考えるべきであろう。

　以上のように、日本において90年代に急速に普及した持続可能

性の概念は、高度成長で大きく変貌した昭和30年代以前の「生活」
や「生業」に目を向けさせ、また在地の民俗技術を再評価する大き
な力となった（あえて西暦ではなく「昭和30年代」と和暦で示すのは、そ
れが日本の農にとって大きな転換点として認められ、かつまた日本人に
とってはひとつの時代感覚を表すからである）。

　そうしたことが、昭和30年代以降、化学化・機械化といった工
業論理化を進めた日本の農業を見直し、昭和30年代以前に学びな
がら新たな農を創造しようとする動きの背景となっていた。こうし
た昭和30年代以前の農を再評価しようとする社会の動きは、持続
可能性に限らず、共生の概念にも共通することで、いわば当時の環
境思想全体の動向であったといえる。

　ただし、これから注意しなくてはならないのは、現在では持続可
能性の概念自体がかなり変容してさまざまに応用されるようになっ
てきていることである。環境思想から現在では文化や経済活動にま
で、その言葉の射程は拡大してきている。こうした現象は持続可能
性の本来の意味を逸脱し、公共事業など開発行為に大義名分を与え
るものとなりかねない。1980年代に入ると、持続可能性の概念は
「持続的利用」から「持続的開発」に力点が移り、開発を正当化する
論理にすり替えられていった（沼田 1994）。現在さかんに言われる
SDGs（持続可能な開発目標）もその流れのなかにある。そうした大義
名分は、国民や地域住民にとって目新しくまた共感を得やすい「地
球にやさしい」などといった環境流行語に仮託されることで、マス
メディアにより増幅されていく。

（2）農が担う生物多様性

　自然環境は、二次的自然も含めて、農村の生活を維持する上で重
要な意味を持っていた。とくに近代以前の農耕や漁撈など自然に依
存するかたちで営まれる生業においてはそうした傾向は強い。伝統

的な農村の生活が、多分に自然の有する生物多様性に依存していたこととともに、その反対に、そうした伝統的な暮らしが営まれるからこそ生物の多様性が保たれてきたという面もある。さらにいうと、農山漁村の民俗と自然のもつ生物多様性の関係は相互補完的であり、たえずフィードバックする循環関係にあったといえよう。

　近代までの伝統的な農村での暮らしとそれを取り巻く自然との関係には、2つの側面がある。ひとつは、伝統的な生活が自然を維持することに役立つという面である。それは農業や漁業を中心に当たり前の生活が営まれることにより維持される自然があること、と言い換えることもできよう。この点に関しては、農業の持つ環境保全の機能など、今までにもさまざまな点が指摘されてきた。

　そして、もうひとつの面は、そうした当たり前の生活をめぐって新たに創造される自然があることである。それが人為的自然である。人為的自然とは、いわば人が一度手を入れ改変した自然のなかに創り出された（またはおのずと現出した）ところの二次的自然である。それは工業技術が作り出す擬似的自然とはまったく異なるものである。ときには、人為的自然空間は、人の利用しやすさという点でいえば、改変する前の自然よりもむしろ多様な生物の棲息を可能にすることさえある。そして注目すべきは、そうした人為的自然の利用に当たっては民俗知識や民俗技術が大きな役割を果たすことである（後述）

　人の活動が創り出す人為的自然の一例として、稲作のための人工的な水界である水田用水系に注目してみよう。

　日本の場合、歴史的に見ると、現在でも使われ続けているものとしては、水田はもっとも古い人工物のひとつということになろう。しかも、日本において水田は、もっとも多いときには、340万ha（1969年統計）を超え、全耕地の60％近くにまで達した（矢野 1981）。しかし、歴史的にみて、水田用水に天水を利用することの少ない日

本の場合、けっして自然の成り行きで水田が拡大していったわけではない。その多くは灌漑施設の整備なくしては存在しえないものであった。しかも、北は冷温帯の北海道から南は亜熱帯の八重山諸島まで、また高度0mのデルタから1000mに至る山間の棚田まで、さまざまな自然環境条件のもとに日本の水田は展開した。

　そうした水田稲作の拡大展開の過程で、灌漑のために自然の水界に人為を加えて改変したり、またまったく新たな人工の水界を造り出してきた。そして、結果としてそうした人工の水界は人里では自然の水界よりも多く存在するようになった。そうした日本人にとってもっとも身近な人工的水界が水田用水系である。

　水田用水系とは、水田・溜池・用水路といった稲作（灌漑）のために作られ、かつ管理維持される人工的水界を指す（安室 1998）。そうした水田用水系の特徴は、湖沼や河川といった自然の水界とは違って、稲作活動により、水流・水量・水温などの水環境が多様に変化することにある。しかも、そうした水環境の変化は、ある一定のリズムを持ち、かつ稲作とともに1年をサイクルとして繰り返される。

　水田用水系は、稲作の営みに応じて、季節的に乾燥期（10〜3月）と用水期（4〜9月）に水利上で二分される。そのうち用水期は、さらに取水期と排水期に分けられる。一般に稲作農家では、取水期をノボリ、排水期をクダリといっている。また、用水期には、ノボリ・クダリとともに、水口と尻水口を止めて水を水田中に貯める滞水期や反対に水口と尻水口の両方を開けて水を絶えず水田のなかに通わせる掛け流しといった時期も存在する。

　そうした特徴を持つ人工的水界である水田用水系にあって、人為的自然の豊かさを象徴する存在が魚介類である。水田用水系のなかで、人により漁獲され食されてきた魚介類には、ドジョウ・コイ・フナ・ナマズ・ウナギ・タウナギ・タモロコ・メダカ・タナゴ・エビ・カニ

・タニシなどがある。こうした魚介類の特徴は、ひと言でいえば、水田用水系に高度に適応した生活様式を持つという点にある。それを水田魚類と呼ぶ(安室 1998)。

　稲作農民の民俗知識をもとに、水田魚類を定義すると、まず第1に水田用水系を産卵場所にする魚介類であること、第2に一生または生活史のうちのある期間に棲息の場として水田用水系を利用する魚介類であること、ということになる。この2つの条件のうち、どちらかひとつでも適合するものなら水田魚類と呼ぶことにする。

　ただし、コイやフナ・ナマズといった魚類は、水田が歴史上に登場する以前から自然界に存在したわけで、そうしたことからすれば、水田の登場以降、水田稲作が創り出す水環境(水田用水系)に、より適応的な生活様式を獲得していった魚類であるという点も、定義の一項に加える必要がある。そうしたことからすれば、水田魚類とは、あくまで生物分類の体系とは別のものであり、文化概念ということになる。

(3) 水田と魚の関係

　水田魚類の水田用水系への適応のあり方として注目されるのは、ひとつには、水田用水系を産卵の場としている点である。ドジョウ・フナ・ナマズ・タニシがそうした魚介類の代表である。その多くは、5・6月の産卵期になると、いわゆる「寄り魚」と化して、水田用水系にやってくる。魚がいっせいに水田用水系に押し寄せる様子から、そうした時期をイヲジマ(「魚島」琵琶湖沿岸)とかノッコミ(「乗っ込み」関東地方)ともいう。フナやナマズのように、産卵のために水田用水系にやって来ては、また元の自然水界へ帰っていく魚類のほかに、ドジョウやタニシのように、産卵の場にするだけでなく、農閑期に水が排水された後も泥土のなかに潜ったりして水田用水系内で越冬するものもいる。

　そして、もうひとつ、水田用水系への適応のあり方として注目されるのは、水田魚類が水田用水系を棲息の場とする点である。ドジョウなどは水田用水系のなかで産卵し、かつそこで一生を過ごすことが多いが、ウナギのように産卵場は海にあり、誕生した後に棲息の場を求めて水田用水系のなかに入り込む魚もいる。ただし、フナやコイの場合は、棲息域や産卵場が水田用水系に限定されるものではないが、水田用水系があるからこそ、より多くの棲息が可能になっている場合もある。これは、そうした魚類にとって水温など生理的条件を水田用水系は満たしているためであるといえる。

　水田魚類は、歴史的にみると、水田稲作の拡大展開の動きとともに、その分布域を拡大していったと考えられる。とくに大河川や湖沼の沿岸域のような低湿な環境では、水田の拡大とともに、水田用水系はいわば人為的エコトーン（水陸漸移帯）の機能を果たし、そのことがもともと水辺エコトーンにいた在来魚の内陸への拡大を促した（中島 2001）。

　そのように、水田用水系への水田魚類の適応のあり方は、水田稲作の諸活動と密接な関係を持っている。そして、重要な点は水田内の稲作活動に伴う多様な水環境は、水田魚類にとって、より適応的に作用していることである。たとえば、北方系の魚（イサザ）と南方系の魚（ヨシノボリ）の産卵時期が田植えの前と後に分かれていることから、両タイプの棲み分けに耕起・田植え作業が重要な意味を持ち、結果として両タイプの共存を可能にしている（守山 1998）ことなどはそのよい例である

　また、魚類にとって水田用水系の持つ意味を問うとき、その存在自体が内包する機能にも注目する必要がある。基盤整備や土地改良がなされる以前の水田は、平地の水田地帯においてさえ1枚がせいぜい5a程度の面積しかなく、小さいと1aにも満たないものが数多くあった。しかも、そうした水田は方形のものは稀で、一般に不定

形で、その間を縫うように小水路が走っていた。そうした不定形で小面積の水田は、全体に畦畔の割合が高くなるが、畦際に集まる傾向（渡辺 1979）のあるドジョウにとっては、耕地面積に占める畦畔の割合が高いほど、より多くの棲息が可能になった。

　また、山の沢水などを用水源とする山間の水田には必ずといってよいほどにヌルメ（温め）やマワシミズ（回し水）などと呼ぶ温水装置が作られていた。ヌルメやマワシミズはあくまでもイネのための温水装置ではあったが、同時に魚介類の繁殖や生理にも大きな影響を与えていた。本来その地域には水が冷たいために棲むことのできなかったドジョウなどの水田魚類が、そうしたところに進出することができた背景のひとつに、稲作のための温水装置があったといえる（安室 1998）。

　つまり基盤整備や土地改良される以前の水田地帯を見てみると、そこには不定形で細分化された水田、曲がりくねった用水路、クリーク、低湿田、水田の水口付近にできる水溜まり、掘り上げ田に伴う池、温水田・温水溝といったものが存在した。そうした存在は機械化を旨とする現代農業からは目の敵にされてきたが、水田用水系に適応して棲息域を拡大する水田魚類の存在が示すように、地域の魚類相と生息量を豊かにする上で大きな意味を持っていたことはまちがいない。

(4) 水田漁撈—人為的自然の利用技術—

　人為的自然の持つ豊かさの一例として水田を挙げたが、当然人はそれを利用してきた。水田用水系は、第一義的には稲作のためのものであるが、前述のように、多くの水田魚類にとっては産卵の場であり住みかであった。と同時に、生計維持の視点から眺めると、稲作農民にとっては、重要な漁撈の場でもあった。

　こうした水田用水系を舞台としておこなわれる漁撈を、筆者は水

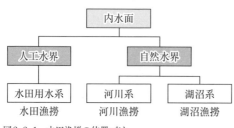

図2-2-1　水田漁撈の位置づけ

田漁撈と呼んでおり、河川漁撈・湖沼漁撈と並んで、日本における内水面漁撈の一類型に位置づけている（安室 2001）。

水田漁撈によりもたらされる魚介類は、歴史的に生業が稲作へと特化していくとき、稲作農民にとって重要な食料とくに動物性タンパク質源となっていた。そのため、稲作農民は自らおこなう水田漁撈をオカズトリと表現することも多い（安室 2005）。

　水田漁撈とは、水田用水系を舞台にして、稲作の諸活動によって引き起こされる水流・水量・水温などの水環境の変化を巧みに利用しておこなう漁撈法である。漁の対象は、水田に高度に適応した生活様式を持つドジョウやフナなどの水田魚類である。水田漁撈の漁期は、漁獲原理の上で、受動的で小規模な漁撈技術を多用する水田用水期（4〜9月）と能動的で比較的大規模な漁撈がおこなわれる水田乾燥期（10〜3月）の2期に分けられる。

　水田用水期（4〜9月）には、稲作の諸作業によりもたらされる水流・水量・水温といった水環境の多様な変化に対応して、ウケのような定置性小形陥穽漁具を用いることで、同じ水田においても何回にもわたって漁撈がおこなうことができる。また、水田乾燥期（10〜3月）には、溜池など水田用水系に残る大きな水溜まりを利用して、そのなかの水をすべて掻き出して魚を一網打尽にするカイボシ（掻い干し）などの比較的大掛かりな漁がおこなわれた。

　そうした水田漁撈の特徴を対比的に示すと、水田用水期は農繁期のため人手を掛けずに、稲作の諸作業に伴う水流変化をうまく利用しながらおこなえる漁撈法が選択されるのに対して、水田乾燥期は

農閑期にあるため人手を掛けた大掛かりな漁撈がおこなわれる傾向がある。また、水田用水期の漁は、1回当たりの漁獲量は多くないが、期間中に何度となく同じ水田を利用しておこなえるのに対して、水田乾燥期の漁は、溜池や用水路を利用するため大規模で1回当たりの漁獲量は多いが、1回おこなうとそのシーズンはもはや漁をすることはできない。その結果、もたらされる漁獲物は、水田用水期には毎日のように少量ずつの漁があり短時日（せいぜい2・3日）のうちに自家消費されてしまうのに対して、水田乾燥期の場合には一時に大量にもたらされる魚を焼き干しにしたりして保存食化する工夫がなされることも多い。つまり、水田用水期には生の魚を、水田乾燥期には保存加工された魚を、それぞれ毎日のように食べることができたのである。

　こうした水田漁撈については、歴史民俗学的な意義として、以下の4点を挙げることができる。

①自給的生計活動（動物性タンパク質獲得技術）としての意義

　水田漁撈の漁期は大きく水田用水期と水田乾燥期とに分けられるが、それぞれ漁獲原理を使い分けることにより、水田用水系から得た魚介を食料として年間に平均化することが可能になる。水田からもたらされる米と魚介類との組み合わせは、稲作民の食生活における栄養バランスの問題をかなりの部分解決することができる。

②金銭収入源としての意義

　水田漁撈の意義が個人または家の自給的生計活動から村社会（水利社会）全体のものへと拡大していったときにみられる現象である。この場合、水田漁撈の場は、個人の所有となる水田ではなく、村や水利組織で共有する溜池や用水路であることが多い。また、水田用水系における漁撈から養魚への展開も金銭収入源としての意義に特化したときに起こる現象である。多くの場合、そうして得た金銭は水利施設などの管理維持費および村の親睦費に充てられる。

③水田漁撈が生み出す社会統合の意義

　水田用水系のうち溜池や用水路では秋になると村仕事として貯水施設の整備など水利作業がおこなわれるが、それに付随して村人（用水を共有する人びと）共同の漁がおこなわれることがある。ときには共同漁が儀礼化され村祭の一環としておこなわれることもある。この場合、水田漁撈は、水を共有する人びとが一年に一度、稲作社会（水利社会）における連帯の必要性を確認する機会として機能していたといえる。とくに、水田漁撈が社会統合と結び付く傾向は、水利が高度に発達した稲作地つまり水利において高度な共同性が要求される稲作地ほど高い。

④水田漁撈の持つ娯楽性の意義

　現代に至り、水田漁撈は総体的に自給的生計活動としての意義を低下させていったが、そうした中にあっても伝承として豊富に残されている現状は、人びとが単調な農耕生活においてある種の娯楽性を水田漁撈に見いだしていたからだと考えられる。水田漁撈にみる娯楽性は、③のように稲作社会の紐帯を強化することにもつながっていたといえる。

　こうして見てくると、経済的・社会的そして文化的にも水田漁撈の重要性が見いだされるということは、水田稲作によって生み出された人為的自然の豊かさ、およびその潜在力の高さを如実に示しているといえよう。

2　農にみる伝統への回帰

(1) 在来農法の再評価—「コイ農法」と「冬水たんぼ」—

　現在、日本の水田では、アイガモ農法やコイ農法のようなコメの脱農薬・脱化学肥料（有機）栽培が、不耕起栽培や冬期湛水水田などとも関連しながら、さまざまなかたちで普及しつつある。そうした

試みは一部ではあるが生産および消費の現場においてブランド米を生むなど確固たる地位を占めるに至り、高度に工業論理化の進んだ水田稲作に対して大きな影響を与えつつある。たとえば、水田魚道（水田内に魚が出入りするための水路）の整備など土地改良事業における用排水分離の原則が見直されたり、また農薬の改良もめざましく環境に激烈な影響を与えるものは少なくなった。

　本来、水田にフナやオタマジャクシが泳ぎ、カモやトンボが舞う風景というのは1950年代（高度成長期）以前においてはごく当たり前のことであり、それは水田漁撈や水田狩猟といった民俗技術を支える基盤でもあった。また、それは水田風景に"自然"を感じるという現代日本人の自然観とも密接に関連している（安室 2004）。そうした環境意識の高まりとともに、現在、水田稲作の現場ではさまざまな在来農法が復活してきている。それを冬期湛水水田とコイ農法に見てみることにしよう。

　冬期湛水水田は別名「冬水たんぼ」といい、冬のあいだ乾燥する水田に水を張り湿潤な状態に保つことをいう。活動としては1990年代に始まり2002年からは毎年冬期湛水水田のシンポジウムが開催されるなど、さかんにその普及が図られている。冬期湛水水田には大きくいって2つの目的がある。当初はハクチョウやガンカモ類といった渡り鳥（冬鳥）の越冬の場を作ること、つまり渡り鳥のための環境整備を目的として、日本野鳥の会など鳥類の保護団体が推進したものであったが、現在では冬期湛水の除草効果が実証され、それを目的としての普及も進められている。

　前者の目的は、当初からラムサール条約（「とくに水鳥のための生息地として国際的に重要な湿地に関する条約」）への取り組みの一環として冬期湛水が進められてきたことをみてもよく分かる。後者の場合には、冬期湛水の持つ農法上の利点に注目したものだが、現在ではイネの不耕起栽培とセットで推奨されるようになっており新たな展開

を生んでいる。

　しかし、冬期湛水は何も新しい技術ではない。かつて稲刈り後になっても水の吐けない強湿田は各地に見られたが、それはいわば成り行き上の冬期湛水であるといえよう。また、現在の冬期湛水と同様に人が意図して水を田に張る場合も多かった。たとえば、棚田地域では、冬期の乾燥や凍結により底地にひび割れを起こし地滑りを誘発することがあるが、それを防ぐには冬じゅう田に水を掛けておく必要があった。また、寒冷地や積雪地においては、春にいち早く田仕事にかかれるように、やはり冬の間から水を田に掛けておいたところは多い。

　こうした在来農法が、環境思想と結びついたとき、すぐれた文化資源として再評価された訳だが、かつての目的や効用とは無関係な復活であることを考えると、それは本当の意味での在来技術の再評価とはいえない。

　それと同じことが、コイ農法にもいえる。コイ農法はアイガモ農法に続き、1990年代に入ってから環境保全型農法として一躍脚光を浴びた農法である。1997年には環境保全型農業研究会がコイ農法サミットを開催して、よりいっそうの普及を図ろうとした。

　一方、水田養鯉は在来技術として近世からの伝統を持つ。とくに明治から昭和の初めに掛けては、コイを商品として養殖することで農家経営の安定を図ることを目的に国や県により推奨された歴史を持つ。当時、稲作と養蚕を主体とした農家経営が国際商品である繭（生糸）の価格変動により行き詰まるなか、繭とともにコイを生産することで稲作農家の現金収入源を多角化し農家経営の安定化を図ろうとした（安室 1998）。そのため、水田養鯉は長野県や群馬県といった養蚕県において一時期とくに重要な産業となった。そうしたとき、水田で生産されるコイはあくまでも食物であり商品であった。

　しかし、現代ではコイは除草のために水田に入れられるもので、

除草剤に代わる働きを期待されているにすぎない。かつてもコイの除草効果は農業試験場等で確認され喧伝されることはあったが、それはあくまでも水田養鯉を普及させる上での付加価値であり惹句にすぎなかった。

　そのため現在では、除草の役目を終えると、コイはたちまち産業廃棄物と化してしまう。フィッシュミール（魚粉）の材料や農家の食用に普及を図ろうとするが、そうした食糧資源としての需要はいっこうに伸びない。その結果、多くのコイ農法農家では除草後のコイの始末に困っているのが現状である。定期的に開催されるコイ農法サミットにおいて、毎回のように除草後のコイの処理が大きなテーマとなっていたことにそれは象徴される。

(2) 水田漁撈の復活

　日本の場合、水田漁撈は、1950年代の高度成長期に入ると、農薬や化学肥料の大量使用、大型農業機械の導入、そして用排水分離を基本とする土地改良・基盤整備の推進といった稲作の工業論理化が引き起こした水田生態系の変貌とともに姿を消した。

　そして今、日本の各地で、一種の文化資源として水田漁撈が復活しつつある。1990年代からその兆候は見られるが、今復活してきている水田漁撈は、もはや農民の自給的たんぱく質や現金収入を獲得するためのものではないし、また稲作社会の紐帯を確認する機会でもなくなっている。水田漁撈が現代において復活してきている背景にあるものは何なのか。

　現代において、水田漁撈はいかなる場面で復活してきたのか。具体的な事業のレベルで分類してみると、以下の7つの目的があることが分かる（安室 2005）。

　①水田の生き物調査の一環、②水田での遊び体験、③農業体験の一環、④グリーン・ツーリズム（アグリ・ツーリズム）のイベント、

⑤地域おこしのイベント、⑥休耕田の有効利用、⑦無農薬栽培（ア
イガモ・コイ農法）の宣伝・普及。

　そうした7つの具体的な場面はまたさらに大きく2つに分類する
ことができる。ひとつが、体験を通した環境教育（タイプ1）の目的
である。そしてもうひとつが、村おこしなど地域振興（タイプ2）を
目的としたものである。

　環境教育を目的とするものには、主催者やイベントに、「・・・・学
校」「・・・・体験」「・・・・クラブ」などと、教育をイメージさせる名称
を付けていることが多い。それに対して、地域振興を目的とするも
のは、「・・・・まつり」「・・・・フェスティバル」「・・・・交流会」など人の
集いや親睦をイメージさせる名称が付けられるのが特徴である。

　当然のことながら、復活した水田漁撈は以前のものとは大きく異
なっている。復活後の水田漁撈では、漁法は自然を実感できる手づ
かみに特化し、漁期はイベントに合わせて設定されるようになる。
また、対象魚は手づかみに適した大型のコイやウナギに限定され
る。そしてなにより、かつては水田漁撈の企画者と実行者は必ず同
一であったが、現在ではそれが分離していることが多い。そのほ
か、行政の関与が認められること、実行者として子供の役割が重要
になっていることなども復活後に顕著になったことである。

　かつて、水田漁撈は、稲作農民の動物性たんぱく質の獲得のた
め、現金収入を得るため、娯楽のため、水利社会における共同性の
確認と強化のため、といった4つの意図があった（安室 2001）。こう
した4つの意図がそれぞれ独立してあるのではなく、いくつも重な
り合いながら、また他の民俗とも有機的な関係性を持ちながら水田
漁撈はおこなわれていた。

　しかし、復活した水田漁撈では、捕った魚は食べられることも、
また売られることもない。現代の水田漁撈は、いわば水田で魚捕り
ができることを示すことで、農の健全性や食の安全を強調すること

に読み替えようとしているといってよい。たとえば、農業協同組合や美土里ネットが主催する水田での魚捕りはそうしたねらいが如実に表れている。

そう考えると、1950 年代以前のものと 1990 年以降に復活した水田漁撈とでは、その目的や効用がまったく違ったものに変わってしまったといわざるをえない。それが水田漁撈における文化資源化の実態である。かつての水田漁撈は動物性タンパク質や現金を得るための手段であったわけだが、現代の水田漁撈はそれ自体が目的化・道具化したと考えられる。現代では、水田漁撈はおこなわれること、それ自体に意味があるといえよう。

かつては水田漁撈はさまざまに人びとの生活や民俗と関連しておこなわれてきたが、魚を捕ることで体感される楽しさのみが現代においては評価されるにすぎない。だからこそ、水田漁撈は文化資源化され、環境教育の教材や地域振興のイベントとして利用可能になったといえる。言い換えるなら、生業に内在する娯楽性のみを利用しようとすることに文化資源化された水田漁撈の存在意義はある。

(3) 農の文化資源化

水田稲作が環境保全型農業そして環境創造型農業として注目されていくとき、水田における人とイネと魚（水田生物）の関係は環境思想における持続可能性（sustainability）やワイズ・ユース（wise use）の考え方と合致した。そうした環境思想との出会いにより、1950 年代にいったん姿を消した民俗技術（水田漁撈や在来農法）は文化資源として再発見されることになる。しかも、それは「自然との共生」「環境との調和」という付加価値さえ付けられる。水田漁撈の場合、文化資源化されたことでいっそう環境教育の教材や地域振興のイベントとしての使い勝手がよくなったといえる。現代では水田漁

写真2-2-1　白米の千枚田（石川県輪島市）
　　　　　上　日本の棚田百選
　　　　　下　棚田イベント「あぜのきらめき」

撈や在来農法といった民俗技術を取り上げた時点ですでに自然との共生といったことが含意されている。

面白いことに、1960年代にドイツのハンス・モーザーやヘルマン・バウジンガーらにより提起されたフォークロリズム概念が日本へ本格的に導入されるのはやはり1990年代になってからであるが、それはまさに環境思想において、持続可能性やワイズ・ユース概念の日本への紹介とほぼ同時であった。この出会いにより、自然をめぐる民俗技術とくに農のフォークロリズム化はいっそう促進されることになった。日本にとって1990年代はまさにフォークロリズムの潮流と環境思想の潮流とが交錯するときであり、また同時に環境思想において人と自然の二元論を超える方途として民俗技術や在来の生業へ耳目が集まるときでもあった。

また、1990年代になると、「美しい日本のむら景観百選」（1991年、農水省）や「日本の棚田百選」（1999年　農水省）、「日本の水浴場55選」（1998年　環境省）、また2000年代に入っても「農林水産業に関連する文化的景観重要地域180選」（2003年　文化庁）、「日本の里地里山30」（2004年　環境省）のように、行政が特定の文化景観を選定し権威づけ

るという動きが強まる。これは地域に根ざした視点ではなく、価値があると行政が判断したものだけを地域から切り離して国の文化資源にしようとする動きと考えられ、それはまさに意図的な民俗の断片化・道具化に他ならない。

そうして1990年代に入り復活してきた水田漁撈や在来農法は、もはや民俗学における生業論の解釈を離れている。当然、かつての在来農法が有していたような他の民俗事象（食や儀礼など）との有機的連関は失われている。そのように断片化された民俗事象は、在来農法に限らず、文化資源としては商品化されやすく、新たな文脈（ここでは環境思想）を与えられたとき、それにいともたやすく組み込まれていく。そこにまた問題がある。水田漁撈や在来農法のような民俗技術は「自然との共生」「環境との調和」といった惹句のもと、農村の“伝統”を虚飾しその正当性を主張するための道具となりかねない。

農の文化資源化を考えるとき、その資源としての価値は地域的独自性や土着性といったものに求められることが多い。その結果、文化資源化されようとするとき、対象となる民俗事象（とくに民俗芸能や祭礼）は地域らしさやその土地ならではといったことばかりが強調されることになる（足立 2001）。

そうした独自性を強調するかたちで進められる文化資源化がある一方、まったく反対に、何処でも目にすることができた民俗つまり当たり前の生活といったものについても文化資源化は進んでいる。従来、この点が民俗の文化資源化の議論の中では見逃されがちであった。そのため、研究の対象として、たとえば棚田や稲作体験などは、本来「何処にでもある」「当たり前の」存在にもかかわらず、その分析視点はいつも地域の独自性・個性とのかかわりにおかれていた。

その典型がここに取り上げた農の問題（水田漁撈や在来農法）であ

る。これまで述べたことで明らかなように、上記のような地域の個性や独自性にばかり目を奪われていては、水田漁撈のような没個性的で普遍的な民俗事象の文化資源化については十分に解き明かすことはできない。

その文化資源化の背景には、もうひとつの潮流が存在したと考えられ、しかもそれは行政を動かし法や条例を変えるほどの力を持っていた。それが国境を越え市民的なレベルで進む環境思想である。それは農業の生産性向上と農家経営の安定を主眼とする農業基本法が、環境や消費者の視点を盛り込んだ「食料・農業・農村基本法」へと改定されたことでも明らかなように、司法や行政をも巻き込む力を持っていた。

1950年代にいったん消滅した水田漁撈や在来農法が1990年代になって復活したということは、現代においてまた新たな民俗的・社会的リンクの中に水田漁撈や在来農法が位置づけられるようになったと考えることができる。それは、復活という点に力点を置くなら、断片化の修復、現代社会における新たな関係性の獲得として評価すべきことである。そうした新たな関係性の構築に文化資源化という問題が重なってくるのが現代であるといえよう。しかし、そのリンクはある意味、非常にもろいものである。

ひとつの理由としては、ほとんどの場合、水田漁撈や在来農法の復活は行政となんらかの関係をもってなされることが挙げられる。そこには政治的・商業的な作為が透けて見える場合がある。そうした政治的・商業的な作為をもって復活させられた水田漁撈や在来農法は、「美しい」「伝統の」といった修飾語に彩られることで、意図的な断片化・道具化がなされており、結果的にそうした特定の思想や価値観を体現することになってしまう恐れがある。

3　食と農の未来

(1) 食と農の融合

　スローフード（slow food）や身土不二、地産地消といった考え方が登場してくる背景には、生産者・消費者そして行政や市民運動に関わる人すべてに共通する、日本農業への強い危機感と不信がある。それは持続可能性などの環境思想の普及と連動しながら、まず農薬や化学肥料の忌避といった具体的で個別的な消費者側の運動として進められた。そして、そうした個別的な動きが大きな消費者運動になっていくとともに、それを後追いする形で行政もそうした危機感のもと農村の変革と再生および消費者（都市民）も交えた形での新たな農の創造を目指すようになっていった。

　その象徴が1999年に制定された新農業基本法「食料・農業・農村基本法」である。同法には、食料の安定供給、多面的機能の発揮、農業の持続的発展、農村の振興といった4つの理念が明示されている。これにより、それまでの農業生産性の向上および農家経営の安定といった農政の基本が見直された。そして、農村や農業の持つ多面的機能とその重要性が再評価され、そのもとに農村振興の施策が位置づけられるようになった。

　そうした日本の農をめぐる動向の中にあって、食と農は環境意識の高まりを背景にして結合し、さまざまな形で展開してくることになる。そして2002年に登場するのが農林水産省による「食と農の再生プラン」である。そこには、「食の安全と安心の確保」「農業における構造改革の加速化」「都市と農山漁村の共生・対流」の3つの柱が掲げられる（農林水産省　online：saisei_plan.htm ）が、それに呼応して市民によるさまざまなNPO団体が組織されるなど官民挙げての動きになっていった。その具体的な動きとして急速に拡大したの

が、スローフードや身土不二、地産地消といった食育運動である。

　スローフード、身土不二、地産地消といったスローガンのもと、食育運動が一種の環境運動として展開したことはそれ自体間違いではない。それらは持続可能性といった環境思想の一般化・大衆化の流れの中から実践運動として生まれてきたものである。持続可能性のような環境思想は、一般の人びとにとってもっとも身近な環境問題であるといってよい「食」と結びつき、それが強調されることで、より多くの共感を得ることができたといえる。

　しかし、スローフードにしろ、身土不二にしろ、また地産地消にしろ、その根本においてはたいした違いはない。そのため、それらは皮相的と捉えられてしまいがちで、ブームとともに消え去る心配も大きい。こうした言葉が10年後において、その存在も含め、どのような意味を持っているかは注意してみておかなくてはならない。言葉とともに現在進められている運動がなくなるようでは本当の意味で環境思想の市民化とはいえまい。

　欧米から入ってきた環境思想は、農だけでなく食とも結びつくことで、その一般化・大衆化は加速されたし、また新たな展開を生むことになった。一例を挙げると、現在、食の問題から発したスローフードのような考え方は環境思想と交錯することで、スローライフ（slow life）のような生活全般の問題に拡大してきている。

　このとき興味深いのは、世界的に普及するスローフードに対して、そこからの発想であるスローライフの流行は日本に限られている点である（横山 2005）。また、2000年代に入ってからは、日本において生活全般に関わることとしてロハスがもてはやされているが、その語源はLifestyle of Health and Sustainabilityにあることをみてもわかるように、近年の環境思想（sustainability）がそのまま取り入れられている。

　そのように、日本では農や食から始まり生活全般への見直しへと

いう移行はいわば自然な流れであったといえよう。また、それは環境思想の普及に関する日本的な特徴を示すものでもある。となると、農や食への注目は環境思想の一般化・大衆化のための玄関口であり通過点にすぎないと考えるより、欧米から移入された環境思想が洗練され日本化されたときの行き着く先と考えるべきかもしれない。

(2) スローフードと食育運動

　2000年代、日本ではスローフードという言葉が流行した。現在も、一時ほどのブームはないものの、運動としては生物多様性プロジェクトなど他の環境運動とも連動しながら一定の広がりを保っている。

　スローフードは、ファーストフード（本来ファスト・フード）のアナロジーとして生まれた言葉である。世界中同じ品質のものをより早くかつ手軽に消費者に提供するという考え方への疑問に発している。具体的には、1986年、イタリアの首都ローマにアメリカ資本の世界的なハンバーガーショップ「マクドナルド」が進出したことで巻き起こった議論のなかから生まれたとされる。その発端がイタリア北部ピエモンテ州にある町ブラであったことから、現在はそこにスローフード協会の本部が置かれている。

　ニッポン東京スローフード協会ＨＰによると、2003年10月現在で、全世界の会員数は104か国7万7870人に上る。支部（コンヴィヴィウム：「共生」を意味する言葉）は約800か所ある。イタリアの会員数は3万8810人（支部410）ともっとも多く、2番目がアメリカの1万2500人（支部120）、3番目がドイツで8500人（支部43）となり、以下、4番目スイス3800人（支部20）、5番目フランス2300人（支部25）、6番目日本2200人（支部32）である。日本は会員数では欧米先進国に続きアジアでもっとも多く、支部数では世界で3番目に多い。

　スローフードの基本的考えは以下の3点にある（スローフード協

会 2003)。

　(1)消えつつある郷土料理と質の高い食品を守ること。

　(2)質の高い素材を提供してくれる小規模生産者を守ること。

　(3)子どもを含めた消費者全体に、真の味覚の教育を進めること。

　また、スローフード協会本部のカルロ・ペトリーニ会長は、スローフードであることの条件として以下の4点を上げている(横浜スローフード協会 online：top.html)。

　(1)その土地で穫れる食材・食品であること

　(2)それが美味しいこと(その土地の習慣や伝統を基準とする)

　(3)生産方法や調理法がその土地の風習にあっていること

　(4)食材や料理の発掘がその土地の活性化や社会に貢献すること

　こうしたスローフードの起源は伝説的である。一種の都市伝説といってもよい。横浜スローフード協会ＨＰによると、スローフード運動の発端は、食に関する協同組合的な組織アルチゴーラのメンバーが、ブラの町の食堂に集まって夕食をとりながら、マクドナルドのローマ開店とファーストフードを話題にしていたとき、誰ともなく口にした言葉がスローフードだったというのである(横浜スローフード協会 online：top.html)。

　また、ニッポン東京スローフード協会によると、アルチゴーラは美食の会とされ、「ローマにマクドナルドのイタリア第1号店が開店し、これが国内で大きな論議を呼びましたが、ある日のアルチゴーラの会合でもこのマクドナルドが話題となり、メンバーの一人がファストフードから発想して“スローフード”とつぶやいたことからこの言葉は生まれました」という(ニッポン東京スローフード協会 online：index.html)。

　同じスローフード協会の支部でありながら、横浜と東京とではスローフードの発端を語る話しはすでにそれぞれ細部を違えて伝説化している。それぞれに違った語りを持つことは興味深い。そうした

スローフードという言葉の持つ伝承性と物語性も、急激に食育運動として日本において浸透した背景として指摘することができよう。

　また、スローフード運動には巧みに環境思想の流行が取り入れられていることは明白である。たとえば、ニッポン東京スローフード協会ＨＰには、「食を通じてバイオダイバーシティ（生物多様性）を守ることを唱えています」という（ニッポン東京スローフード協会online：index.html）。また、スローフード運動の生みの親であり現スローフード協会会長（2004年現在）のカルロ・ペトリーニがスローフード協会の機関誌『スロー』の創刊に寄せた一文では、「食の伝統」や「手作り」といった言葉とともに「サステイナビリティー」や「生物多様性」「エコロジー」という言葉が頻繁に登場する（スローフード協会 2003）。

　以上のように、スローフードは環境思想を巧みに取り入れた食育運動のひとつであるといってよかろう。じつのところ、それはなにも目新しい運動ではなく、身土不二や地産地消などとともに、明治以降、泡沫のごとく出現と消滅を繰り返す間歇的流行現象である。現代における発現のきっかけが、生物多様性（biodiversity）や持続的利用（sustainability）といった環境思想との出会いにあることは間違いない。環境思想の一般化・大衆化を示すひとつの社会的動向である。別な見方をすると、環境思想の一般化・大衆化が食への関心と結びつくことで、こうした食育運動がさまざまに花開いたのが現代であるといってもよい。

　身土不二は、明治30年代（1897-1906）に食養運動のスローガンとして使われるようになったもので、元来は自分が暮らす所の三里（約12km）四方でとれる旬のものを食べることを運動の目標にしていた（山下 1998）。また、身土不二の運動は、地産地消と同様、現代においては有機農業や自然循環型農業の活動を基盤としているが、それは明らかに昨今の環境思想を捉えてのことである。スローフード

のような新しい造語であろうが、身土不二のような中国の古典医書に起源を持つ食養運動のスローガンであろうが、環境思想を帯びることであらたな利用価値が見いだされてきた用語であるといえる。

　2005年にはいわゆる食育基本法が施行されたが、スローフードや地産地消など食育運動がブームとなる中、その運動を進めるNPOや個人にとっては追い風となった。その一方、そうした食育運動が内閣府に設けられた食育推進会議の意向を受けた官製運動という性格があることも否めない。食育基本法にあるように食育への取り組みが「国民運動」としての性格を強めていくとき、第2次大戦戦前期の帝国日本やナチス・ドイツにおいて食と健康が国民を統合する道具に使われたことに対する危惧の念は強い（池上 2005）。

　たとえば、横浜スローフード協会では、横浜スローフードフェアを毎年おこなっているが、2005年のフードフェアでは、神奈川県各地でスローフード運動を実践する商店や事業者が出店して試食・試飲会がおこなわれたが、中には日本捕鯨協会が「日本の伝統食である鯨」を標榜して出店しており、それに呼応して、著名な食文化研究家による「日本の伝統食である鯨とスローフード運動」と題する講演がなされていた。意識するかしないかにかかわらず、スローフード運動には政策的な意図が入り込んでいることを示す典型例であろう。

（3）食と農の現代民俗

　かつて食はその国の民俗文化をもっとも忠実かつ明瞭に示すものとされた。食には人の基本的生理である食欲を満たすという機能のほかに、前述のような民俗文化の表出（時に民族性の誇示）という役目も果たしていた。たとえば、ハレ（儀礼食）とケ（日常食）の対比、主食と副食の区別、食具と作法など、それらは折に触れ民俗文化を体現するものとして取り上げられてきた。食は目で見たり耳で聞い

たりするだけではなく、味覚として体感することが可能なものだけに、民俗文化としては分かりやすく共感されやすい。

　そして、食により明示される民俗文化は、現代の都市生活においては、飲酒の日常化やコメの常食化など、ハレとケの区別がなくなりケハレの状態にあるとされる (神崎 1993)。それは現代生活ではハレとケといった民俗の規範が存在しつつ、一方で急速に混乱し不分明になってきていることを示すとされる。

　しかし、それは本当であろうか。食の分野で見られるような変化は果たしてハレとケといった民俗の延長線上で捉えることが可能なのだろうか。これは食に限らないことであろうが、それまでの民俗学ではとくに食において強くそうした民俗の規範が語られ、かつその混乱として現代の食が位置づけられてきた。しかし、現代の食を民俗的規範の混乱として、つまりかつての民俗の延長線上で捉えることにあまり意味があるとは思えない。

　現代においては食はかつての民俗的規範 (ハレとケの対立など) の延長線上にはなく、個人の心情や生き方を映し出し、また積極的に主張されるものになっている。たとえば、食は基本となる生理つまり食欲を満たすということ以外に、健康や美容また環境思想と結びつき、その人の生き方や考え方を教えてくれる。美味しいものを食べたいとする欲求 (美食) を人の基本的な生理とみるか、それとは別次元のものとみるかは意見の分かれるところであろうが、ダイエットのために食事制限をしたり、環境に配慮して使い捨ての割り箸を使わないといった例は、枚挙にいとまがない。そしてそれは、食を生産する現場となる農の問題にも波及する。

　現代では、食も農もすでに民俗のある定まった型 (たとえば、ハレとケ、ケハレ) による理解を脱したといってよい。それが新たな民俗文化のあり方といえるかどうかはまだわからない。美容や健康への強い関心と環境問題への強いこだわり、そうした個人の意志が食や

農に仮託され主張されるようになったことは、新しい民俗の規範た
りえるのか、また単なる流行に過ぎないのか。そう問われれば、筆
者は前者の可能性を予感している。ハレやケ、ケハレといった理解
に代わって、現代の食は健康・美容と環境をキーワードとして新た
な民俗の規範を作り上げようとしている。

引用参考文献

・足立重和　2001　「伝統文化の管理者」中河伸俊ほか編『社会主義のスペク
トラム』ナカニシヤ出版
・池上甲一　2005　「食育基本法のねらいを読み解く」『農業と経済』71巻
12号
・神崎宣武　1993　『盛り場の民俗史』岩波書店
・鬼頭秀一　1996　『自然保護を問いなおす』筑摩書房
・スローフード協会編　2003　『スローフード協会公式ブック＜slow＞日本
版Vol.00』木楽社
・中島経夫　2001　「琵琶湖の魚たちのおいたちを考える」『月刊地球』23
巻6号
・沼田　真　1994　『自然保護という思想』岩波書店
・守山　弘　1998　「多様な生物が利用している水田」農林水産省農業環境
技術研究所編『水田生態系における生物多様性』養賢堂
・安室　知　1998　『水田をめぐる民俗学的研究』慶友社
・安室　知　2001　「『水田漁撈』の提唱」『国立歴史民俗博物館研究報告』
87集
・安室　知　2004　「水田の環境史」同編『歴史研究の最前線Vol.2 ―環境史
研究の課題―』吉川弘文館
・安室　知　2005　『水田漁撈の研究』慶友社
・矢野恒太郎記念会編　1981　『数字で見る日本の100年』国勢社
・渡辺恵三　1979　『ドジョウ（改訂版）』農山漁村文化協会
・山下惣一　1998　『身土不二の探求』創森社
・横山廣子　2005　「『スローライフ』が展開する日本」『月刊みんぱく』29
巻10号

引用参考ホームページ

・農林水産省HP　www.maff.go.jp/saisei_plan/saisei_plan.htm　2006.4.1
・横浜スローフード協会ＨＰ　www.y-slow.com/top.html　2004.4.1
・ニッポン東京スローフード協会ＨＰ　www.nt-slowfood.org/aboutslow/index.html　2004.4.1

第Ⅲ部
農村における農の文化資源化

第1章　農の変貌と農村生活
—高度成長への問いかけ—

1　農村における昭和30年代—高度成長のもたらしたもの—

(1) 昭和30年代の意味

　近代から現代への転換点となる太平洋戦争とその敗戦は、同時に日本の農業にとっても大きな出来事であった。それは、農地解放に代表されるように、それまでの農をめぐる社会経済体制を根底から覆したといってよい。しかし、本来農の営みと密接不離な関係にある自然とのかかわりに目を向けると、その転換点はむしろ現代に入ってからの方が大きなものがある。

　色川大吉は『昭和史世相編』の中で、昭和30年代 (1955年ころから60年代) を生活革命の時期と位置づけている。世相史・生活史の視点に立ったとき、その時代を革命にも匹敵する大きな転換点と認識している (色川 1990)。同様に、現代農業を考えるとき、その転換点として昭和30年代は大きな意味を持っている。それはとくに農業と自然との関係に見て取れるが、その関係に転換をもたらした背後には高度成長とそれに続く大量消費社会の到来があることはいうまでもない。なお、以下、本章では昭和30年代がキーワードとなるため、その前後関係をイメージしやすくするためおもに和暦を用いることとする。

　農政上の出来事でいえば、農業基本法が施行されるのが昭和30年代の半ば (1961年) のことである。その後、平成11年 (1999) に新農業基本法「食料・農業・農村基本法」が制定されるまでの約40年間は農業基本法がつねに日本農業の根幹にあった。農村社会学者の

徳野貞雄はそうした農業基本法を中心とした農政への移行について、「生業としての"農"から、経済に特化した産業としての"農業"への転換政策であった」という（徳野 2001）。まさに昭和30年代は農から農業への転換点に位置づけられる。

　その昭和30年代を境にして日本の稲作は工業論理化が進められた。象徴的には、除草剤など環境への影響が大きい農薬や化学肥料の大量使用、大型農業機械の導入、そして用排水分離を基本とした土地改良事業により、水田生態系は大きく変貌した。

　それ以前の水田には、イネとともに、多くの魚や昆虫、鳥、そして植物が棲息していた。そうした自然の動植物は日本列島において2000年以上の長きにわたる稲作の歴史を経て水田環境に高度に適応していったものである。

　本来、水田はイネを栽培するために維持されてきた空間であり、人により高度に管理された水界である。その自然的特徴は、人為的に転換を繰り返す水陸漸移帯（エコトーン）であり、人為による継続的な攪乱を受けた二次的自然ということにある。

　そのとき注目すべきは、そうした高度に人為が及ぶ二次的自然であるにもかかわらず、むしろそうしたところだからこそ、日本人になじみの深い多様な動植物が見られようになったことである。フナ、コイ、ドジョウなどの淡水魚やタニシなどの貝類、カエルなどの両生類、ガンやカモといった鳥類、そしてイナゴやアカトンボのような昆虫は、まさに日本人にとってもっとも身近な動物であるといってよい。

　そして重要なことは、昭和30年代以前の水田では、そうした動植物が水田から採集され、さまざまに利用されてきたことである。ある場面では農家における日常食として、また別の場面では子供のみならず大人の遊びとして、水田や溜池・用水路では魚捕りや水鳥猟がおこなわれたり、イナゴやセリが採集されたりした。歴史を遡

るほど、そうした動植物は稲作農家の自給的食料として大きな意味
を持っていた。

　それに対して、昭和30年以降の水田稲作は、農業基本法の下、
国家レベルでは食糧の安定供給、農家レベルでは労働生産性の向上
と農業経営の安定を目的に、農業機械の導入や土地改良事業の推進
および農薬や化学肥料の大量使用が進められた。そうした化学化・
機械化を中心とする工業技術に頼った稲作は水田を変貌させた。

　その結果、水田はもはや漁撈や採集の場としては機能しなくな
り、いわばイネを作るためだけの工場となってしまった。その後昭
和40年代半ば(1970年)になると減反政策が始まるが、それを契機
に畑作に転換しようにも、一度工業論理化された水田はそうしたこ
とが不向きなものとなっているという(山下 2008)。まさに昭和30
年代以降、水田は米作に特化した空間に作り替えられ、もう後戻り
できない状態になってしまったといってよい。

　皮肉なことに、こうして昭和30年代を契機に失われてしまった
農と自然との関係性の多くは、1990年代になると伝統農法や環境
保全型農業として再評価され、詳しくは後述するが、その中のいく
つかは文化資源として復活を果たしている。

(2) 一農村の昭和30年代

　以下では、中国地方の一農村に注目して、昭和30年代を境に農
業および農村生活がどのように変化したのか、そしてそれは農と自
然との関係をどのように変えたのか、といったことについてみてゆ
く(安室 2006)。

　本稿で注目する農村は、山口県防府市大道である。大道は、図3
-1-1に示すように、瀬戸内海に注ぐ横曽根川(佐波川の支流)に沿っ
てあり、それが作る沖積平野を中心とした稲作の村である。一方
で、域内を山陽道(現国道2号線)が通り、防府や山口といった都市

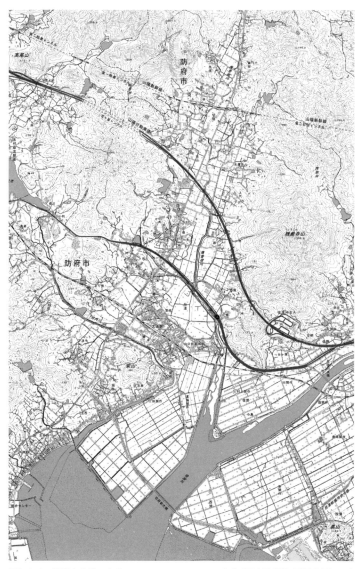

図3-1-1　防府市大道の立地　　　　　　　　　出典（国土地理院　電子地図2500）

にも近いことから、交通の要所として古くから開けた地である。

　大道の農業にとっても、やはり昭和30年代は大きな転換期であった。具体的には、昭和31年 (1956) の台風被害による大不作を境に、それまで減り続けていたコメの出荷数が昭和30年代には急激な増加に転じている。その後、昭和30年代は一貫してコメの増産期であった (大道農業協同組合 1997)。それに対して、ムギは昭和27年をピークに減産傾向に入っており、米麦の二毛作という近代における大道農業の基本はここに終焉した。大道ではムギに代わってその頃からタマネギ (昭和36年共同育苗開始) など野菜への転換が積極的に図られるようになる。

　また、稲作自体もこの時期を境に転換していった。開作 (近世以降の新田開発地) を中心に初めてイネの早期栽培が導入されたのが昭和32年である。こうして、保温折衷苗代など稲作技術の進歩とともに、冷害や台風の影響を受けにくくするために稲作の作期は早められていった。その結果、太平洋戦争前に比べると、約1か月も田植えの時期が早まることになる。そうしたコメの早期栽培化が、同時に裏作麦を作りづらいものとし、結果として二毛作の終焉につながっている。

　そして、大道において特徴的なこととしては、灌漑用水として溜池の重要性が大きく低下したのもこの時期である。それまで水田用水に不可欠な存在であった溜池が最後に作られたのはやはり昭和31年であった。記録されているもっとも古い溜池としては元和2年 (1616) 築堤の平池があるが、そうした昔から作られ続けてきた溜池が、昭和31年の昭和池を最後に作られなくなる。それは、昭和30年代に進んだ土地改良事業による溜池を必要としない灌排水整備によるものである。そして、現在、使用されなくなった溜池は管理不備による決壊の危険など深刻な防災上の問題を引き起こしている。

　昭和30年には大道村は現在の防府市に合併することとなり、国

家政策である新農村建設運動と相俟って、農政面においても大道農業は大きな転換点にあった。新農村建設運動は昭和31年に始まり、大道では畜産業を振興すべく昭和34年に家畜センターが作られている。また、昭和36年には国により農業近代化資金の助成制度が設けられ、大道においても農協や家の単位でいっそうの農業機械化が図られた。たとえば、翌37年には農協により米麦搬入用スタッカーとレンゲ刈取機が購入された。また、38年には耕耘機運転免許講習会が農協により開催され、一般農家へ耕耘機の普及が図られている。

　このほか、大道ではじめて農薬のポリドール（殺虫剤）が使われたのは昭和28年ころで、その後、昭和30年代にはいると農薬のなかでも水田生態系に大きな影響を与えた除草剤のグラスジンやニーヨンディー（24D）が使われるようになる。さらに、農薬の大量散布を象徴するように、昭和32年には防除機が導入され共同防除が始まっている。それとともに農民の自殺に農薬が使われるようになるのはやはり昭和30年代以降のことで、それは農薬の毒性が農民自身の認識の中にも深く浸透していたことを物語っている。

　また、大道で農業協同組合の振興が積極的に図られ現在の大道農協の基盤が作られたのも昭和30年代だといってよい。大道農協には、昭和29年に農協婦人部と4Hクラブが結成されている。4Hクラブとは、昭和23年にアメリカから導入された農村改善運動で、hand（技術）・head（創造）・heart（友愛）・health（健康）の4つのHを信条とする農業青年の集まりである。そうした運動のもと、昭和33年には農協青年部が結成されている。

(3) 機械化と農業の変化

　全国的に見れば、農業の機械化は昭和30年前後に大きな画期があったことは確かである。大道もその例外ではなく、都市近郊にあ

166 第Ⅲ部 農村における農の文化資源化

表3-1-1 農業の機械化年表(昭和26〜54年)
　　　　　—山口県川上村(現萩市) A家の『農業日誌』より—　　　出典(安室 2012)

年(昭和)	購入した農機具	農薬・化学肥料、その他
26		
28 (27 −)	発動機、ハロー(砕土機)、精米機	化成肥料の登場 農薬(殺虫剤BHC)登場 農薬(セレサン石灰)登場
29	脱穀機(発動機)	
31 (30 −)	散粉機(農薬)	
34 (32 −)	脱穀機(発動機)＊、製粉機、米撰機	普及員による農薬・肥料の説明会活発化
35	架線(材木運搬用)	
37 (36 −)	噴霧機、散粉機	車購入
38		農協にて構造改善の説明会活発化 化学肥料(ケイカル)登場
42 (39 −)	耕耘機、発動機(ディーゼル)＊ 動噴(動力噴霧機)、チェーンソー	この頃から化学肥料を大量に使用
43	乾燥機(穀物)、米撰機＊	化学肥料(ヨーリン)登場
44	耕耘機のホーク、草刈機	ササニシキ登場
45	動噴(動力噴霧機)＊	
47 (46 −)	バインダー(稲刈機) 乾燥機＊	農薬(除草剤)登場 コシヒカリ登場
48	揚水ポンプ	
49	自動脱穀機	田の排水改良(ヒフ管理設工事)
51 (50 −)	乾燥機＊、田植機＊＊	箱苗導入
52	耕耘機＊、籾摺機(ロール式) カッター(刈払機)	
53	ハイベスター(自動脱穀機) 揚水ポンプ＊	
54	トップカー(農用運搬車) 精米機＊	

＊　買い換えまたは複数台目の購入
＊＊借用
(注) 1. 括弧つきの年号は日誌の欠けているところ。
　　 2. 田植機(二条植歩行型)が購入されるのは昭和60年、コンバインは平成17年になってからである。

ることからいち早く農業の機械化が進んだとされる。

①牛馬から機械へ

　昭和10年(1935)の統計を見ると、大道にはウマ313頭、ウシ102頭がいた。すべて農耕用である。そして昭和29年(1954)には、ウシとウマの比率が逆転するものの、まだウマ170頭、ウシ431頭がいたことがわかる(御薗生 1960)。こうした状況から、牛馬に代わってトラクターやコンバインといった農業機械が使われだしたのは昭和30年代以後であることがわかる。とくに40年代に入ると加速度的に普及することとなり、大道から牛馬は姿を消した。それは、単に農業の動力が畜力や人力から機械に変わったことだけを意味するのではない。それを契機に、家屋からダヤ(家畜小屋)が姿を消し、ダイゴエ(厩肥)が使われなくなるなど、農家の生活そのものが大きく変化したと大道の人びとは捉えている。

②田起こし作業の変化

　耕耘機以前には、牛馬に犁を引かせて田起こしをしていた。その牛馬に代わって田の耕起作業にトラクターが使われだしたのは昭和30年代である。牛馬から耕耘機に代わった頃はまだ二毛作でムギを作っていたため、水田の乾燥を促すための犁起こし作業であるヨカラ(溝掘り作業)をおこなっていた。そのため、耕耘機やトラクターに代わっても、在来農法に対応してヨカラのための装置(バイドバン)が考案されている。その後、40年代に入って急速に二毛作が衰退すると、そうした装置も使われなくなっていく。

③藁利用の消滅

　藁の利用はトラクターの登場とともに大きく変化した。昭和30年代以前、牛馬が多く飼われていたときには、藁はダヤ(家畜小屋)の敷き草として重要であった。そして、牛馬に踏まれ糞尿にまみれた藁はダイゴエ(厩肥)になり、それはまた田へ還元された。また、藁は俵や筵、縄を編むための貴重な材料でもあった。そうした藁の

利用は、コンバインの導入とともにおこなわれなくなった。それは、農業の機械化とともに俵や筵などが使われなくなってきたためである。そのため、利用価値の無くなった藁は、コンバインによる収穫作業の過程で切り刻まれて田に撒かれてしまうことになる。

④田植え作業の変化

　昭和40年代後半に田植機が登場するまでは、田植えは家族総出の手仕事でおこなわれていた。家族だけでなく、テマガエ（労働交換）により何軒かの家が共同で苗を植えたり、またソートメ（早乙女）を雇って人手を確保したりしていた。そうした時代においては、田植え定規や田植え縄を使ってイネを正条植えしていた。そうした状況が田植機の登場により一変する。まず苗代が田植機に合わせて箱苗に変わった。また、苗代の作り方も水苗代から保温折衷苗代へと変化した。そうして、田植えに掛かる労力もほぼ家族労働でまかなわれるようになり、テマガエやソートメの必要が無くなった。

⑤稲刈り作業の変化

　昭和30年代後半にバインダーが登場するまでは、稲刈りはすべて手仕事だった。ノコガマ（鋸鎌）により手刈りし、刈った稲は田に立てたハデ（稲架）に干してから、家に持ち帰り足踏み脱穀機で脱穀をしていた。機械による稲刈りは、当初はバインダーから始まり、すぐにコンバインに変わった。それにより、稲刈りだけでなく、脱穀等の調製作業も1台の機械で同時におこなうようになった。

⑥脱穀作業の変化

　戦後すぐの昭和21年には発動機で回す脱穀機が出てくる。それまでは足踏みの脱穀機が普通であった。バインダーで稲を刈って、束にしたものを、家に持ち帰ってから脱穀機にかけて扱いだ。この段階までは、動力こそ足踏みから発動機に変わったが、脱穀作業自体は手作業である。それが、昭和30年代後半、コンバインの登場

によりバインダーはもちろん、脱穀機も不要となった。

⑦乾燥作業の変化

　かつては、刈り取った稲は脱穀前にハデに掛けて干し、さらに脱
穀後には粍をムシロツケ（筵付け）して干した。それが、昭和25年
に乾燥機が登場して以降、ムシロツケはおこなわれなくなった。ま
た、乾燥機もより効率的な縦型循環式のものに変わっていき、さら
には昭和45年にライスセンターができると農家が個々に乾燥作業
をする必要はなくなった。

⑧籾摺り作業の変化

　乾燥させた粍は、モミスリキ（籾摺り器）にかけて玄米にする。か
つて大道では、モミスリは農家が家ごとに家族労働でおこなうとと
もに、籾摺り作業を請け負う業者に頼むことも多かった。モミスリ
が機械化されて以降も、その作業を業者に頼むことが多く、そのた
め籾摺りに関しては機械を個人で購入したものは少ない。

　以上が、大道における稲作作業の変遷とそこに用いられた農業機
械の対応関係である。農機具の導入についていえば、それは全国的
な傾向と変わりない。世帯の労働力が勤め人となるものの主な所得
を農業に頼る第1種兼業農家ほど早い時期に農業機械を導入する傾
向がみられた。また、そうした農家の機械は、たいていの場合、最
初から個人所有であった。兼業農家では勤務の関係から土日・祝日
といった休日に集中的に機械を使うことが多く、他の農家と共用す
ることが困難なためである。

　その結果、兼業農家では、農業外収入で農業を維持するという状
況も昭和30年代には出てきており、とくに農業の機械化について
はその傾向が強い。兼業にしろまた専業にしろ、稲作農家にとって
昭和30年代というのは、トラクターやコンバイン、動力噴霧機、
田植機、ガーデントラックといった農業機械を次々に購入していっ
た時代である。しかも、購入後も、通常の更新だけでなく、農機具

の改良が進むと、たとえば稲刈り作業はバインダーからコンバイン
へと変わっていくため、農業収入の多くを農機具の買い換えや更新
に当てざるをえなかった。

　また農業収入のみならず農業外収入までも農機具の購入に当てざ
るをえなくなる農家もでてきて、第2種兼業化の要因のひとつと
なった。結局のところ、農機具の技術革新は農家にとっては大きな
負担をもたらし、一度機械化の流れに乗ってしまうとそこから抜け
出すことは困難であった。大道のように都市域に近く交通の便の良
い農村ほどその傾行は顕著である。

2　農の変貌と農家のくらし

（1）燃料革命以前

　電気やガスが家庭に普及する以前は、日本の農村において薪炭は
燃料として重要であった。そのため、その採集場として、個人また
は村で共有する山野は不可欠な空間であった。また、消費空間であ
る都市域に隣接する農村部では、薪炭の生産とその販売は冬期の重
要な生業として昭和30年代まで存在した。

　大道は、図3-1-1にあるように、横曾根川に沿った沖積地の周囲
を低い山が取り囲んでいる。もっとも高い山でも標高は370mほど
しかない。そうした山は、個人で所有するところと、集落単位で共
有するところがあった。太平洋戦争前は、大道の農家では、その多
くが1町歩（1ha）から3町歩（3ha）ほどの山を所有していたとされ
る。そうした山の所有者をヤマヌシ（山主）という。大道の場合、耕
地に関しては大地主が存在したが、山に関してはそうした偏りはそ
れほど大きくなかった。また、たとえ自家に持ち山のない農家で
あっても、村の一員である限り、共有山の使用権を有していること
が多かった。

　昭和30年以前において、山の利用でもっとも重要なものは薪炭と落葉であろう。それは生活のための家の燃料であり、農業を維持するための肥料となったからである。

　ガス・電気や灯油が普及する以前には、農家では燃料はほぼすべて自分で入手していた。風呂焚きや飯炊きの燃料に使う薪は、おもに自分の持ち山から取ってきた。ヤマバタケ（山畑）を開墾する時に伐採した木も薪にするため家に運んだ。また、木だけでなく、スグド（松葉）やシダも山から採集し燃料とした。そうしたスグドカキは子供の手伝い仕事とされた。なお、このほか家の燃料として用いられたものにはムギカラ（麦殻）がある。

　薪作りは冬場の仕事である。山に木を切りに行くことからそうした作業をキコリ（樵）ともいう。とくに寒いときにはキコリに行った。ひと冬に切ってくる薪の量は40〜50束（1束＝周囲30cm）で、それにより一家が1年間に使う量がまかなえた。そうした薪は母屋の裏にあるキゴヤ（木小屋）に貯蔵した。

　また、なかには炭を焼く家もあった。炭焼きも冬の仕事である。クヌギ・カシ・ナラなどを用いる。炭窯で焼く方法と、より簡便な方法として地面に穴を掘りスクモ（籾殻）を被せて焼く方法とがある（ふるさと大道を掘り起こす会　1994）。

（2）化学肥料以前

　大道で一般に化学肥料が使われだすのは太平洋戦争後からである。それ以前は、自家で作る厩肥と下肥、水田二毛作されるレンゲ、並びに金肥である豆粕・魚粕などの有機肥料が主として用いられた。なかでも厩肥は、化学肥料が安価かつ大量に使われるようになる昭和30年代以前においては、農家にとってはとくに重要な肥料であった。それは、二毛作の普及した大道では、田に十分な栄養素を補っていかないと、表作のイネと裏作のムギという栽培体系を

維持できなかったからである。

　厩肥はダイゴエと呼ばれる。稲藁・麦藁と山から刈ってきたシダをダヤ（家畜小屋）に入れ、牛馬の敷物にする。そうして4・5日間、牛馬に踏ませると糞尿が混じり発酵して熱を帯びてくる。熱くなってくると牛馬が立っていられないため、新しいものと替えてやる。ダヤから掻き出したものはダイゴエバ（堆肥場）に積む。そのとき糞尿のよく混じったものとあまり牛馬に踏まれていないものを交互に積み重ねるようにする。こうしてダイゴエバでさらに発酵が進むとダイゴエができる。ダイゴエは7月頃、イネの肥料としてナツダ（夏田）に入れる。また、ダイゴエは二毛作麦にも肥料として使った。この場合は、アキタオコシ（秋田起こし）前にバラ撒きして元肥とする。

　人糞尿は、どこの農家でも田畑の脇にダイツボ（だい壺）をこしらえては、その中に溜めていた。こうした下肥は、水で薄めてムギに撒いたり、麦刈り後の田に入れたりした。農家では自家の糞尿だけでは足りず、下肥業者から買うこともあった。昭和初期にはそうした業者が大道には4軒あったという。

　下肥業者は砂船など廃船間際のものを肥船（「うんこ丸」「くそ船」と呼ぶ）に用いて、宇部の炭坑住宅や八幡（やはた）の鉄鋼住宅などを回って糞尿を集めた。肥船の着く下肥桟橋は一般の桟橋とは区別されており、そこではその地域を取り仕切る親方がおり糞尿の差配をした。下肥は桟橋で肥船から汲み上げられると人足により農家のダイツボへ届けられた（ふるさと大道を掘り起こす会 2000）。また、農家では自ら馬車や大八車に肥桶を積んで、下肥桟橋まで糞尿を買いに行くこともあった。

　金肥として太平洋戦争前から使われていた肥料は、ニシンカス・イワシカスなどの魚粕や大豆粕、およびワタミ（綿実粕）がある。ニシンカスはかますに入ってきたが、良いところは人が食べてしま

い、肥料として用いたのは半分ぐらいであったという。大豆粕は、購入した時点では板状に固められているため、それを削ったり細かく砕いたりして肥料として使った。こうした金肥はダイゴエとともに使うとコメの味が良くなったという。

このような有機質の肥料しか太平洋戦争前にはなかったが、戦後になると徐々に化学肥料が使われるようになってくる。大道で初めて使われた化学肥料は硫安（硫酸アンモニウム）の単肥とされるが、その後はチッソ・リン酸・カリの単肥を配合して化学的に合成された無機質の化学肥料が用いられるようになっていった。

（3）農薬以前

昭和30年代、農薬が大量に使われだす以前は、害虫や雑草の防除はすべて手作業であった。コメの生産に直接関係するだけに、その防除はとくに重視された。反面それだけに、農家にとっては雑草や病害虫を防いでくれる農薬の登場は画期的な出来事とされ、当初は農業協同組合や村の指導もあり個人はもちろん村を挙げての農薬散布が計られた。

農薬による除草がおこなわれる以前、田植え後の田仕事としてもっともきつい作業が田の草取りであった。最初の草取りは田植え後10日位しておこなう。このときはまだイネも小さいため手で水面をなぜるようにして草を取っていく。田打車のような手押しの除草器が使われるようになるのは昭和に入ってからである。除草器は縦横に3回ずつ田の中を押してまわった。そうした手押しの除草器が使われるようになるまでは、田のなかを腰をかがめ這うようにして、ガンヅメを使い手で草を取っていた。

こうして一番草からはじめ、1週間から10日の間をおいて二番草、三番草と取っていく。そして4回目の草取りがトメクサ（止め草）といい最後になる。トメクサまで終えると8月になっている。

こうした田の草取りの時期は、夏の暑い盛りで、またイネが生長してくると穂の先が顔や目に刺さってやっかいであった。そして、トメクサを終えると消毒を兼ねて藁を堅く強くするためたに石灰を撒いた。また、田の草とともに畔の草刈りもおこなった。春から夏にかけて4回ほど刈る必要があり、それを怠ると田に虫が付きやすかった。

　苗代では種蒔きから約30日後にズイムシ（螟虫）取りがおこなわれる。それは子供の仕事とされた。その頃になると、学校は午後休みとなり、教員の引率のもと地区ごとにズイムシ取りに行かされた時代もあった。ズイムシを駆除すると100匹単位でその数に応じて役場から報奨金が支払われた。卵と幼虫また幼虫の中でもその成長段階に応じて額が違っていた。

　さらには、田植えが済むとすぐに、ホウと呼ぶ虫を駆除してまわった。やはり子供の仕事とされ、学校から帰るとホウを入れるための瓶を腰に下げて田に行かされた。ホウは1匹ずつ手で摘んで駆除しなくてはならなかった。

　また、出穂の前まだ田に水があるうちにタネアブラ（菜種油）を田の水面に落としては藁で掃いてウンカを駆除する方法もあった。タネアブラのほかには、臭いがあるが値段の安い鯨油が用いられた。さらには石油が昭和初めころから害虫駆除に用いられるようになった（藤井 1982）。

　こうした草取りや害虫駆除は農薬の登場とともに劇的に変わったが、初期の頃の農薬は害虫や雑草以外の水田生物にも甚大な影響を及ぼした。とくに除草剤として用いられたニーヨンディー（24D）は散布した翌日にはフナやドジョウ、カエルといった水田動物が白い腹を上に向けて水田一面に浮かんでいたという。そうした光景を目の当たりにして以降、水田で捕った魚をいっさい食べなくなったという人は多い。

（4）土地改良以前

　大道では水田はおもに横曾根川の作る沖積地にあった。サコ（迫）またはエキ（浴）と呼ばれる浅い谷底の平地で、古くから水田化されたところである。そうした水田は、横曾根川が下流域では天井川となるため充分な用水を得ることができず、おもに溜池により灌漑されてきた。そのため、明治から大正期にかけて大道の各地で進められた耕地整理事業は、まずはじめに溜池を作り、その後に耕地整理をおこなうものであった（御薗生 1960）。

　そのように、大道では水さえ確保できれば水田化が可能な土地は多いとされた。実際に昭和4年（1929）に完成した明昭池のように新たな溜池が築造されることにより、それまで畑としてしか使うことのできなかったところが水田化された例もある。そうした水田はハタダ（畑田）と呼ばれ、明昭池のほかにも各地に「畑田」が小字名として存在する。

　当然、ハタダのような水田は水が不足しがちで、また同時に水持ちの悪い田が多かった。大道ではそうした水持ちの悪い田をソーケダと呼んでいる。ソーケとは竹笊のことで、ソーケダ（竹笊田）とは水がすぐに漏れてしまうことを喩えている。そうした田が多く分布するところは小字名に「惣毛田」などの漢字が当てられている。

　また、中には雨頼りの天水田も存在した。そうしたところは、たいていその辺りではもっとも地盤の低いところ、つまり溜池から引く用水の最末端に位置している。そのため、ジルタまたはジルイと呼ばれる湿田になっていることが多い。ただし、水田全体からみると1割程度にすぎず、大道では一般にジルタはソーケダよりも価値は高くイネは作りやすいとされる。

　ジルタの多くは正式な配水を受ける田にはなっておらず、溜池から流れてくる用水のシツリ水（自然に入る余り水で水利権外の水）が流

れ入るようになっている。そうした田は水利賃を払う必要はない
が、いったん水が不足すると何の権利もないため、まず最初に溜池
からの配水が受けられなくなってしまう。また、田植時のように近
隣でいっせいに水が使われるときには、どうしてもシツリ水だけで
は用水が足りなくなってしまうため、雨を待ってその水で代掻きや
田植えをおこなわなくてはならないこともあった。

　そうしたジルタ以外の田はムギタ（麦田）と呼ぶ二毛作田になって
いた。つまり夏季はイネ、冬季にオオムギやコムギまたはナタネを
栽培した。かつては、コメは収穫量の5割程度を小作料に納め、ま
た残ったコメも生活費とするために換金されることが多かった。そ
んなときムギは日常の食料として稲作農家にとっては重要な意味を
持っていた。たえず水が不足しがちな反面、大道の水田は冬季にム
ギを栽培するのに適していた。

　大道では水田の1筆を1マチというが、横曾根川の沖積地にある
田の場合、山に近く傾斜地のものほどマチは小さくなり、川に近い
平坦なところほど大きなマチになっていた。また、用水のイデ（取
水口）に近いほど水が得やすい関係からマチが大きくなる傾向があ
る。一般的にいって、昔からある溜池かかりの水田は総じて小面積
で、1マチが1反（10a）もあるものはごく稀であった。

　そうした状況は昭和30年代におこなわれた土地改良により一変
し、現在は1マチが30〜50aの田に作り替えられたところは多い。
とくに近代に入ってから造成された大道干拓の水田は1マチが約
120a（1.2ha）にも及ぶ。また、横曾根川の沖積地にある水田では土
地改良事業により用排水路が整備されたことで、ソーケダやジルタ
はほぼ姿を消した。

（5）減反以前―拡大する水田とその終焉―

　大道に古くからある水田は、前述のように、横曾根川に沿って樹

形状に伸びるサコ（迫）またはエキ（浴）と呼ばれる浅い谷底にある。

　その一方、大道の農業は海に向かってその耕地を広げていく歴史でもあった。いわゆるカイサク（開作）である。カイサクとは新田開発のことであり、大道の場合、中世末から近代にかけておこなわれたものを指す。現在は上田開作や真鍋開作のように字地名として残るものもある。横曾根川・河内川の河口部は上流から流れてくる土砂が豊富にあり、それが堆積するあたりが当初は主な開作地であった。また、その後はさらに大規模に遠浅の海面が干拓され耕地に作り替えられていった。

　大道における開作のもっとも早い例としては、天正5年（1577）の自力開作の記録が残っている。その後も、渡辺開作（文化年間）、岡田開作（文化〜天保年間）、真鍋開作（文政年間）など江戸時代には何度にもわたって新田開発が進められた（ふるさと大道を掘り起こす会 1995）。そうした新田開発は大道では近代に入ってもおこなわれる。なかでも明治11年（1878）におこなわれた大地主上田家による60 ha に及ぶ開作は有名である。それは上田開作と呼ばれ、同時期の自力開作としては全国的にみても大規模なものであった。また、太平洋戦争の直後、食糧増産のための干拓事業が全国的に進められたが、大道においても昭和25年（1950）に大道干拓が計画され、97 ha に及ぶ干拓地が同43年に完成している。

　カイサクの位置関係に注目すると、古いカイサクほど大道の本村に近いところに位置しており、反対に時代の新しいカイサクほど横曾根川や河内川の流れにそって沖へと延びていっていることがわかる。したがって時代の古いカイサクはすでに海との接点はなくなっている。そして、現在海との境界に位置し当然もっとも新しく作られたカイサクがカンタクということになる。また、カイサクはその起源が新しいほど規模が拡大している。もっとも古いカイサクのひとつである渡辺開作の場合、その面積はわずか0.9 ha ほどにすぎな

かった。その後に作られた真鍋開作が約40ha、続く上田開作は約60haとなり、もっとも新しい大道干拓に至っては約97haにもその規模は拡大している。

　大道干拓より前つまり近代以前の水田造成をカイサク（開作）といい、現代になってなされたカンタク（干拓）とは呼び方が区別されていることは興味深い。大道干拓の場合には、それまでの開作のように地元資本と在来技術による新田開発とは違って、近代土木技術を駆使した大がかりな国家プロジェクトであり、住民の意識の上でも干拓は単なる開作の延長にあるものではなかったといえよう。

　こうした水田の拡大とコメの増産の歴史も、皮肉なことに大道干拓の完成からわずか2年後の昭和45年には、国の政策としてコメの生産調整いわゆる減反がおこなわれることになり、終焉を迎える。大道にとって大道干拓は最後の大規模な耕地造成計画であったといえる。

　以上のように、大道の水田耕地は中世期から戦後の高度成長期を通してつねに拡大する方向にあったが、まさに大道干拓の完成（昭和43年）をもってその拡大は終止符が打たれた。大道干拓がその転換点となったといえよう。その後は減反の道をたどり、農業者人口の減少とともに加速度的に水田の作付面積は減少している。

(6) 失われた農—二毛作とアゼマメ—

　昭和30年代以前、水田ではイネのほかに、ムギやナタネ、ダイズといった畑作物が作られていた。その意味で水田の多面的利用がかつてはごく当たり前のこととしておこなわれていたといってよい。しかもそれは日常食料の確保という点で、農民の生計維持にとってことのほか重要な意味を持っていた。

　まず、水田二毛作についてみてゆくと、大道の場合、イネの裏作つまり水田の冬季作として栽培されたものにムギとナタネがある。

稲作農家では、日常食としての必要から裏作にムギを作ったが、換金のためにナタネもかならず1枚は植えたという。また、このほか肥料源としてレンゲを蒔く人もいた。

　ムギの場合は、太平洋戦争以前にはハダカムギとコムギが主として栽培されていた。ハダカムギとコムギの栽培比率は、ほぼ7対3であったという。そして、戦後はハダカムギに変わってビールムギが大々的に作られるようになった。コムギは売ることもあったが、ハダカムギは半麦飯にするなど農家にとっては自給的な意味が強かった。それに対して、ビールムギの場合は、明らかに現金収入を目的とした栽培であった。そのためビールムギは契約栽培（農協単位でビール製造会社から請け負う）がほとんどであった。

　裏作の場合には直接その作物に小作料が掛けられることはない。あくまで水田の小作料はコメに対してのみ掛けられる。そのため、「百姓を渡世させるのは麦」という言い方もなされる。ただし、やはり裏作のできる乾田と二毛作しづらい湿田とでは小作料には差があった。当然、優れた乾田ほど小作料は高く設定されるので、それは二毛作麦の収穫を見込んでのことだと考えられる。農家では少しくらいの湿田ならヨカラ（溝掘り作業）をおこなうことで水田の乾燥を促し、裏作にムギを作った。そう考えると、昭和30年以前の大道ではほとんどの水田に裏作がなされていたといってよい。

　次に、畦畔栽培の一種であるアゼマメ（畦豆）についてみてみよう。

　耕地整理や土地改良が進められる以前は、水田の1筆は一般に小面積であった。必然的に耕地全体に占める畦畔の面積は大きなものとなった。その割合は一般に傾斜地ほど高くなるといってよい。また、たとえ平坦地に見えるところでも田越し灌漑の都合上、隣りあった水田どうしには微妙な高低差がつけられていたため必ず畦畔は必要であった。

大道の場合、開発の新しい開作や干拓の水田地に比べると、とくに横曾根川沿いの水田地は全体に微傾斜しているため畔畦が発達していた。また用水が不足しがちなそうした水田地では少しの水も無駄にすることなく使うため畔畦は堅牢に作られていた。そうしたことからすると、アゼマメの栽培は古くからある横曾根川沿いの水田地に、より適応的な生業技術であり、そこに暮らす人びとにとっては自給的生業として重要な意味を持っていたといえる。

写真3-1-1　アゼマメ
（熊本県南阿蘇村）

　幕末の天保12年（1841）に編纂された『防長風土注進案』（山口県立文書館 1983）をみると、切畑村（現大道）の産物として、コメ・ムギ・アズキ・ワタ・ソバ・ダイコンなどとともに「秋大豆」が挙げられている。その収量は「四石三斗五升一勺一才」とされ、但し書きに「但同田数之内水田其外畔植付不相成分多、惣田数ニ凡見抨反別五合出来之積りニ〆右之辻」とある。

　アゼマメが植え付けられるのはアゼヌリの後である。アゼヌリにより塗られた土が乾ききる前に、1尺（30㎝）ほどの間隔にモウコ（担ぎ棒）で突いて穴を開け、そこにダイズを2粒ずつ播いていく。豆種を入れたあとには、灰や籾殻またムギのケタをかぶせていく。二毛作をしていた当時はムギのケタをよく使った。ムギのケタを用いるのは、土を被せる手間を省くためである。こうしてアゼに豆を植えるのは子供や女性の仕事とされる。

　昭和30年代以前には、ほとんどの水田にアゼマメが作られていた。アゼマメとしては、普通のダイズのほかに、その一種であるク

ロマメ（畔豆または黒豆）を作った。クロマメは粒が大きく、おもに
煮豆にして食される。そのように、ダイズは農家の生活には欠くこ
とのできないものだったが、アゼマメの場合、葉が茂ると畦際のイ
ネの出来が悪くなることもある。

　以上のように、水田の多面的利用の実践であり知恵といってよい
水田二毛作や畦畔栽培は、昭和30年代以降、稲作の工業論理化と
労働生産性の向上を旨とする現代農業のあり方および食生活の変化
のなか、一気に姿を消してゆくことになる。

3　農村のこれから

(1)「定年百姓」と「年金百姓」

　日本の農業を考えるとき、とくに中山間地域においては、過疎・
高齢化の問題は避けて通ることはできない。しかし、農は中山間地
域でのみおこなわれているのではなく、都市域にも見られる現象で
あることはこれまで見てきたとおりである。また、過疎・高齢化を
日本農業の弱点、さらに民俗学においては伝承母体の消滅と捉え、
はじめからマイナスイメージに押し込めてしまうのは間違いであろ
う。都市であるか農村であるかを問わず、老により担われてこそ意
味をなす農もあるといえる。農と老とはけっして矛盾するものでは
ないし、農は老と親和的でさえあると考えられる。

　そうしたとき、現在日本の農村では、「定年百姓」や「年金百姓」
と呼ばれる農家が増えていることに注目すべきである。定年百姓と
は、企業等に勤めた後その定年を契機に就農する人をいい、年金百
姓とは会社等を退職後に年金を貰いながら農業をおこなう人をい
う。前者が就農の契機として定年が強く意識されるのに対し、後者
は主たる生計が農業ではなく年金であることに由来する。実際には
ひとりの人でも両方の側面を持つ場合が多く、両者は同義に用いら

れることもある。

　近年の農村社会学の研究によると、日本の農山村においては60歳より若い世代を欠いた高齢者2世代家族が増加しているという。つまり、長く実家を離れていた子の世代（60代）が勤める会社の定年を契機として、親（80才代）のいる実家に戻り、年金を貰いながら農業後継者となるパターンである。かつては過渡的な家族形態と考えられていたが、日本の農山村においてはひとつの家族類型として認められつつある（徳野ほか　1998）。

　また、もうひとつは、それと似たものとして、跡取りとして実家にとどまりながらも会社勤めをし、定年後になってから、年金を貰いつつ実家を継いで農業に専念するパターンである。このパターンは60歳より若い世代が家に残っているため3世代や4世代の家族にもみられるが、農業を維持しているのはおもに高齢世代である。これは従来からあるいわゆる兼業農家である。勤務先となる会社が集まる都市近郊の農村部に多くみられる。

　そのように、年金百姓・定年百姓とされるものにも、大道には上記の2パターンが存在することが分かる。前者が高度成長期以降になって増加した比較的新しいパターンであるのに対して、後者はそれ以前から大道では多くみられたパターンである。

　一例として、大道（遠ヶ崎地区）のM家の場合をみてみよう。M家は親子2代の年金百姓・定年百姓である。しかし、親が後者、子が前者のパターンの年金百姓・定年百姓という違いがある。M家の現当主は大正10年（1921）に第3子として生まれた長男である。そのためごく自然にM家の家督を継ぐことになったという。父から受け継いだ1町1反（1.1 ha）の土地に、戦時中に2反を買い足して、合計1町3反の水田で農業をおこないながら、農協（短期間）→小郡の運輸会社（20年間）→鋳物会社（30年間）というように合計50年間に及ぶ会社勤めをしてきた。そのため、農業は会社の休みを利用しておこ

なわざるをえなかったが、その分農業の機械化には積極的であった。農業との兼業をした50年間の終わりには、体調を崩したこともあって、1町3反の農地のうち8反強を売って、それを元にアパート経営を始めた。その結果、会社の定年後には残った4反ほどの農地を利用して夫婦2人で農業を続けてきた。ただし、平成14年（2002）現在、M氏は81歳になるため、跡取りの長男のために残してある4反の田のほとんどを人に貸している。現在、離れて暮らすM氏の長男は55歳になるが、あと5年すると勤めている建設会社を定年になる。そうしたら親元に帰ってきて農業を継ぐことになっている。そのために長男の嫁は大道から貰ったといい、4反の田は手放すことなく、またM氏が買いそろえた農機具もそのまま倉庫に置いてある。

　大道（遠ヶ先地区）においては、M氏と同じかそれ以降の世代では、本当の意味で専業農家は一軒もないとされる。それは、現在、専業農家とされるところでも、定年になってから農家を継いだり、またいったん他の職業に就いた後そこを辞めてから家に戻り農家を継いだ人がほとんどだからである。

　こうしてみてくると、農業の担い手として老人は、もはや若い世代に受け継ぐための過渡的な存在などではなく、日本農業においては欠くことのできない重要な位置を占めていることが理解される。日本の社会はむしろそれを積極的に認めるべきで、それに合わせた技術改良がなされ、かつ政策が打ち出されるべきであろう。これは大道に限られたことではないし、また農村だけの問題でもない。

(2) 農を続けることの意味

　農林業センサス（農業集落カード）を見ても、1970年から95年までの間の傾向として、大道における農業の担い手があきらかに高齢化していることがわかる。大道（遠ヶ崎地区）では60歳以上の農業就業

者の割合は70年では34％であったものが、75年は35％、80年は39％、85年は51％、90年は80％、95年には75％に達している。他の地区でも同様に、80年代には60歳以上の高齢者が農業就業者の5割を超え、さらに90年代以降は7割を超える状態に達している。

　この数字は単に農業者がそのまま高齢化したための現象とは考えられない。大道（遠ヶ崎地区）の場合、70年において40〜59才の農業就業者の数は21人であるが、20年後の90年には60歳以上は28人を数える。さらにいえば、農業就業者数は、70年の50人から90年には35人に減少している。総数は減っているのに、60歳以上の人だけが増加していることになる。このことは、農業の後継者として60歳以上の人が新たに加わっていることを示している。これは、いわゆる定年百姓とか年金百姓と呼ばれる存在が、大道における農業の継承者として重要な意味を持ってきていることを端的に示している。

　年金百姓や定年百姓は、専業農家を続けてきた人たちからは、「遊びの百姓」などとマイナス評価を受けることがある。実際、年金収入の方が農業収入よりもはるかに多いという人は大道に多い。それに対して、年金百姓の側からは、農は生業としての価値だけでは語られない。その多くは、農が主業でありながら余暇として、また健康維持のために大切とされる。もちろん家に伝わる農地を守るということも重視される。大道（上ノ庄地区）のＴ家の場合をみてみよう。

　Ｔ家は第2次大戦前には7町歩（7ha）を有する地主階級にあった。戦後の農地解放により土地の多くを手放し、残ったのは7反（70a）であるが、現在もその水田を維持している。その当主であるＴ氏は、大正13年（1924）生まれで、教員生活を経たのち故郷である大道において家督を継ぎ農業に従事するようになった。いわば定年百姓の典型である。そのため、Ｔ氏自身が主体となって、本格的

に野菜作りと米作りを始めたのは70歳を過ぎてからである。そうしたＴ氏にとって、農協の指導や講習会、また農協発行の「稲作栽培ごよみ」のような参考書は欠かせないという。

　Ｔ氏は平成13年(2001)現在、7反の田のうち自分が作るのは3反にすぎず、残りの4反は農協を通じて人に貸している。田は反当10俵(600kg)もあるため、3反作るだけでも約30俵の収穫がある。夫婦2人暮らしではせいぜい年間3俵もあれば飯米には十分であるという。田植えには離れて暮らす孫が手伝いに来てくれ、収穫は農協に委託している。孫が田植えを手伝ってくれることもあり息子と娘に7俵ずつ計14俵のコメを毎年送っている。そうした残りの分の12・3俵を販売に回しているにすぎない。1俵あたり15000～18000円(2001年現在)ほどで売れるが、その収入は微々たるもので年金には遠く及ばない。

　つまりＴ氏の場合、7反の耕地を持っていても農業収入だけではとても生活はできない。トラクター(200万円)やコンバイン(140万円)など農業機械を揃え、毎年その維持費や肥料・農薬代などを出すと収入はむしろマイナスになってしまうという。

　それでも田を持ち続け、そこにイネや野菜を作るのは、老後の楽しみであり、健康のためである。そして、田んぼを続けることで孫が農作業の手伝いにきてくれ、また自分が作ったコメを息子や娘たちに送ることができるためだという。Ｔ氏は大道農協発足50周年を記念して刊行された『大道農協半世紀の歩み』に「生き物を育てる喜び」と題して一文を寄せている(大道農業協同組合 1997)。それには野菜やコメを作ることの楽しさと充実感、また農により余生を楽しむ姿が短歌とともに綴られている。

(3) 農業から農へ―1990年代以降―
　農業を工業論理化する以前の姿に戻したいとする意識が、生物環

境としての水田の見直し（たとえば民俗技術としての水田漁撈の復活）を求める根底にはあるような気がする。つまり、昭和30年代を境に、生業としての"農"から経済に特化した産業としての"農業"へと転換したものを、1990年代に至りもう一度"農"の世界に立ち戻ろうとする動きである。それを象徴的に示すのが、"農業"を体現する農業基本法（1961年）から"農"を意識した食料・農業・農村基本法（1999年）への転換にあるといえよう。

　とくに、そうした農への希求は農村よりも都市に生活する人に強い。実際に農業に従事していないからこそ、持続可能性やワイズ・ユースまたもっと卑近な例としてはロハスやスローフードといった環境思想の一般化・大衆化の流れに乗って、たとえば田んぼでの魚捕りのようなことに自然を感じ故郷をイメージするようになったといえる。

　昭和30年代というのは、2006年現在50才代の壮年期を迎えた人びとにとって、そうした記憶を呼び覚ますに適当な直近の過去である。実際に田んぼで魚捕りに興じたことのある最後の世代ということになろう。しかも、興味深いのは、昭和30年代以降に生まれた若い世代にもそうした昭和30年以前の農村や水田のあり方に自然を感じ、それにノスタルジーまで持つような人が大勢いることである。

　現代における水田への注目と再評価の背景には、昭和30年以前におこなわれていた水田稲作とそれを支えた民俗技術への関心の高まりがある。食や農への関心の高まりとともに環境思想が倫理的・理論的なものから世俗的・実践的なものへと広がりをみせ、また市民運動のなかでさまざまに実践されるようになっていく。そのとき、かつての水田稲作に環境保全型農業や環境創造型農業また自然共生型農業といった新たな枠組みが与えられ、そしてまさにワイズ・ユースの代表として、農をめぐる民俗技術が再評価されてい

く。

　つまりは、現代の稲作がワイズ・ユースや持続可能性といった環境思想の一般化・大衆化の動きと出会うことにより、かつての水田が有していた人とイネと水田生物の関係性に今一度目が向けられたのである。そして、そのことが水田を環境教育や農村振興のための文化資源(たとえば文化的景観としての棚田)として復活させたといえる。

　そしてまた、都市住民だけでなく、農村の内部においても、農業を工業論理化する以前の姿に戻したいとする意識が生まれつつある。定年百姓や年金百姓がそうであるように、農業を必ずしも主たる生計維持の手段とはしない階層が、農業の担い手であり農の継承者として一定の意味を持ってきているのが現在である。そうした農業の担い手の変化が指し示す先は、生産性を重視し工業論理化した産業としての"農業"ではなく、老後の楽しみであり、健康作りであり、孫や子どもへ送るための米作り野菜作りであるところの"農"に繋がっている。

引用参考文献

・色川大吉　1990　『昭和史世相篇』小学館
・大道農業協同組合　1997　『大道農協半世紀の歩み』大道農業協同組合
・徳野貞雄・山本努・加来和典・高野和良　1998　『現代農山村の社会分析』学文社
・徳野貞雄　2001　「農業における環境破壊と環境創造」鳥越皓之編『講座環境社会学3巻』有斐閣
・藤井彰般　1982　『ふるさと大原』(私家版)
・ふるさと大道を掘り起こす会　1994　『ふるさと大道』9号
・ふるさと大道を掘り起こす会　1995　『ふるさと大道』10号
・ふるさと大道を掘り起こす会　2000　『ふるさと大道』14号
・御薗生翁甫　1960　『続防府市史』続防府市史刊行会
・安室　知　2006　「生業のしくみと変容」山口県編『山口県史資料編―民俗

2—』山口県
・山口県編　2006　『山口県史資料編—民俗2—』山口県
・山口県立文書館　1983　『防長風土注進案』マツノ書店
・山下裕作　2008　『実践としての民俗学』農山漁村文化協会

第2章　在来農法の文化資源化
—「冬水たんぼ」と伝承カモ猟—

1　農業の近代化と水田

(1) 水田風景の意味

　水田およびそれを含む風景は、日本が近代化する過程において、生産域としての価値の他に、さまざまな意味が賦与されてきた。近代以降に顕著となる都市化と生活の西欧化とともに、都市生活者にとって水田風景は田園へのあこがれを象徴するものとなってゆく（安室 2006）。

　田園生活へのあこがれから転居を決意した近代知識人としては、徳富蘆花が有名である。彼は1907年（明治40）に東京青山高樹町から武蔵野（千歳村、現世田谷区）に移って「美的百姓」（徳富 1938）として暮らすことを望んだ。また、柳田国男も、1927年（昭和2）、52才のとき、それまで暮らしていた東京市ヶ谷を離れ、まだ田園の風情を多く残す北多摩郡砧村（現世田谷区）へと居を移している。そして、各地から樹木を取り寄せては庭作りに精をだし、周辺の農村部にたびたび散歩に繰り出している。

　こうしてみてくると、日本が経済的・政治的・軍事的に近代国家への道を突き進み、さまざまな都市問題が顕在化しつつあるとき、都市近郊の田園に移り住み、自然や農の重要性とその魅力を語る蘆花や柳田は典型的な近代知識人のひとりであったといえよう。

　そしてもうひとつの意味として、水田風景は人と自然との関係や環境問題を考えるときの重要な指標となってゆく。それは先に都市生活者にとって水田風景が田園憧憬の対象となっていたことと無関

係ではない。おそらくそうした田園へのあこがれの感情が、後に水田風景をして理想とさせる人と自然との関係性や環境のあり方を模索するときの基盤としてあったといえよう。

　先の田園憧憬に関してはすでに本書Ⅰ—1章にて論じているので、ここでは主に2つめの問題に焦点を当て、水田稲作という生業と近代化の関係について論じてゆくことにしたい。そのとき注目するのはワイズ・ユースという環境思想である。

　日本では現在、水田のもつ多面的機能が注目されている。1999年の新農業基本法（食料・農業・農村基本法）にも、それは認められる。その背景には、1990年代以降において一般化した種々の環境思想がある。そのひとつワイズ・ユースは、伝統的な水田稲作を環境保全型農業として再評価し、それをきっかけに水田がかつて有していた生物多様性の機能をさまざまに復活させようとしている。

（2）ワイズ・ユースという考え方

　ワイズ・ユース（wise use）は、1971年に制定された国際条約「とくに水鳥のための生息地として国際的に重要な湿地に関する条約」（通称ラムサール条約）の条文の中に提起された一種の環境思想である。ラムサール条約に則していえば、ワイズ・ユースとは、湿地の生態系を維持しつつ、人類の利益のために湿地を持続的に利用することをいう。用語としては当初は「適正な利用」と訳されていたが、後には自然保護のキーワードとして概念が整備されていくとともに、ワイズ・ユースという言葉のまま日本でも使われるようになっていった。

　本来、保全（conservation）という考え方には人の手を加えることで管理するという意味が含まれており、人の手を排除することでなされる保護（preservation）とは異なる概念である。ワイズ・ユースとはもともと保全に立脚した考え方で、在来技術による自然管理を

積極的に評価し、その手法をより洗練させようとするものである。

　ワイズ・ユースの概念は、1970年代の初めにラムサール条約において提起されて以降、3年に1度開かれる締約国会議とともに整備され発展していくことになる。それは日本の場合、大きく3つの段階に分けることができる（藪並・小林 2002）。

　第1段階として、1987年の第3回締約国会議（レジャナ会議）において、ワイズ・ユースとは「生態系の自然特性を変化させないような方法で人間のために自然（湿地）を持続的に利用すること」という定義がなされる。

　次いで、第2段階として、1990年の第4回締約国会議（モントルー会議）において、より具体的に「ワイズ・ユース概念を実施するための指針」が提示される。また、それとともに、各地のケース・スタディーが検討されていくことになる。

　さらに、第3段階として、1993年の第5回締結国会議（釧路会議）において、「ワイズ・ユース概念の実施に関する追加的手引き」が策定された。これは釧路が開催地となったこともあり、とくに日本におけるワイズ・ユース概念の普及に大きな意味を持った。これを機に、日本においてワイズ・ユース概念が環境思想として、一部の研究者や運動家のものから、行政を含め一般の環境問題に関心を持つ多くの人びとに共有されるようになった。

　釧路会議において、ワイズ・ユース概念の実施に関する追加的手引きとして、以下の6つの基本原則が提示された。①地域の社会経済的要因への配慮、②地域住民への配慮、③パートナーシップの推奨、④制度上の考慮、⑤集水域・沿岸域への配慮、⑥予防原則の推進。ワイズ・ユースに対するアプローチとして、こうした点が指摘されてくる背景として、1992年の生物多様性条約は大きな意味を持つ。この6点のうち、①と②により、その後ワイズ・ユース研究は在地に伝承される生業や生活に関わる民俗技術を発掘し見直すと

いう方向性を強く持つことになる。

　なお、ワイズ・ユースはそれ単独で提出された概念ではなく、た
とえばサステイナビリティー（sustainability）の概念とともに日本に
おいては用いられてきた。サステイナビリティーは、生態系の持続
を意味し、それは具体的には持続可能な開発や利用のことである
（沼田 1994）。

　以上のように、日本において1990年代に急速に普及したワイ
ズ・ユース概念は、昭和30年代以前の生活や生業に目を向けさ
せ、また在地の民俗技術を再評価する大きな力となった。それが、
高度成長とともに変化を余儀なくされた在来の稲作技術や土地改良
以前の水田を1990年代になってから"復活"させる背景のひとつと
なった。こうした昭和30年代以前の民俗技術を再評価しようとす
る社会の動きは、何もワイズ・ユースに限らず、サステイナビリ
ティーの概念にも共通することで、いわば当時の環境思想全体の動
向であった。

（3）ワイズ・ユース概念の展開─水田への注目─

　近年の動向として、2008年には韓国昌原においてラムサール条
約第10回締約国会議がおこなわれたが、そのとき日本と韓国が共
同して水田の有する生物多様性に関する条項を提案している。それ
は「湿地システムとしての水田における生物多様性の向上」決議（通
称「水田決議」）と呼ばれる。このことで在来の稲作農法や水田が有す
る環境保全の機能が公に認められたことになり、また水田を水鳥の
ための重要な湿地として登録することが可能となった。

　これにより、明確に水田稲作自体がワイズ・ユースとして位置づ
けられたことになる。言い換えるなら、それは水鳥の視点に立った
水田と湿地との連関である。水田を湿地と見なすことで、日本人に
とってはその生物多様性の機能や多面的利用がより親近感をもって

受け入れられるようになった。

　また前記の動向に先立ち、日本におけるワイズ・ユース概念の大衆化・一般化にとって大きな出来事があった。それはある在来技術との出会いである。このことにより、日本におけるワイズ・ユース概念が大きく変わったといってよい。前記の変化が制度的なものであり、ラムサール条約締約国に共通する国際標準的なものとするなら、その在来技術との出会いがもたらした変化は質的なものであり、それは日本に固有なものである。そして、それは現在日本を代表するワイズ・ユースとして日本野鳥の会やWWF（世界自然保護基金）といったさまざまな環境団体のホームページ等で紹介され、また積極的に海外にも発信されている。

　その在来技術とは水鳥を対象とする水田狩猟である。それは、元来ワイズ・ユースが水鳥を保護するためのラムサール条約において提起された環境概念であるだけに、大きな衝撃をもって市民には受けとめられた。水鳥を保護することと水鳥を猟することは矛盾することではないという考え方が市民権を得た瞬間である。

　それ以降、日本においてラムサール条約の登録湿地になったり、また候補地として検討が進められるところに、伝統的な水鳥猟が存在することはその意味では必然であった。日本には現在（2013年）、小さな三角網を用いるカモ猟が伝えられるのは5か所しかないが、そのうち2か所がラムサール条約登録湿地である。1993年にラムサール条約の登録湿地に指定されたことで日本におけるワイズ・ユースの代名詞となった石川県の片野鴨池（加賀市）に続き、鹿児島県の藺牟田池（薩摩川内市）も2005年には登録湿地となっている。

　ワイズ・ユースを理解する上で、「水鳥猟が水鳥の保護に役立つ」という意表を突く逆説的な言い方がなされることで、結果として社会の関心を惹きつけることになり、ラムサール条約への登録を推進する力となりえたといえる。

2　ワイズ・ユースと「冬水たんぼ」

(1) 生物のすみかとしての水田

　在来の稲作技術がワイズ・ユースと認定されるなか、高度成長とともに失われた水田の生物多様性と多面的利用を復活し増進させる技術として注目されたのが「水田魚道」と「冬水たんぼ」である。水田魚道や冬水たんぼにより水田に魚を呼び戻す試みは、コウノトリやトキの復活とも関連しつつ、現在日本各地でおこなわれている。

　水田魚道にしろ冬水たんぼにしろ、そこに認められる生物多様性と多面的利用は、本来水田が有していた機能である。そして、水田魚道や冬水たんぼは現在、水田生態系における自然再生の切り札として、各地の自治体やNPOによりさまざまに事業化されている。なお、水田魚道に関してはすでに一度論じている(安室 2005)ため、以下ではおもに冬水たんぼを取り上げることとする。

　水鳥の増減が、歴史的には水田の土地改良(乾田化)や農薬・化学肥料の使用など、そのときどきの水田稲作のあり方と密接に関係していたことは2000年前後においてはすでに周知のことである(成末 1992)。歴史的にみると低湿地は埋め立てなどで一貫してその面積を減じてきたが、それと引き替えに水田面積は昭和の前期まで一貫して増え続けてきた。

　鳥の目から見れば、水田は人為的な湿地で

写真3-2-1　水田魚道
　　　　　―コウノトリの郷(兵庫県豊岡市)―

ある。ツルやガンなどの大型の湿地性鳥類はその棲息に広大な湿地を必要としたが、そうした鳥類にとって水田は大きな意味を持っていた (守山 1997)。同じように、群で行動するガンカモ類やサギ類などの大型鳥類にとっても、一面に広がる水田は採食地として不可欠な存在である (藤岡 1998)。

(2) 水田のワイズ・ユース—「冬水たんぼ」—

　水田の生物多様性と多面的利用を象徴する事例に渡り鳥の越冬地としての機能がある。しかし、日本の場合、太平洋戦争後の高度成長期、乾田化と用排水分離を旨とする土地改良事業によりその機能は大きく低下した。

　それが今、冬水たんぼとして日本各地で"復活"しつつある (図3-2-1)。冬水たんぼはその名称が示すように本来は稲作の民俗技術に由来している。農業技術としては冬水たんぼは冬期湛水水田といい、イネのない冬の間も水田に水を溜める農法のことである。

　しかし現在では稲作のための農法というよりはむしろガンカモ類など渡り鳥の生息環境を整備することにその主たる目的が移ってきている。ワイズ・ユースという考え方を提起し、また普及させるきっかけとなったのが、水鳥のための湿地保全を謳うラムサール条約であったことを考えると、冬水たんぼが水田の生物多様性や多面的利用にもたらした影響は大きい。

　水田魚道と同様、冬水たんぼの多くは土地改良により乾田化された後の水田に導入されている。しかし、土地改良以前の環境復元を目指す水田魚道とは違って、冬水たんぼの場合は、土地改良以前から乾田であったところにも導入されている。つまり、冬水たんぼの場合、土地改良以前はほとんど水鳥が寄りつかなかったような水田にもほどこされているわけで、その意味では、環境復元の域を超えており環境創造の試みといえる。

新潟県佐渡市(トキ)

石川県加賀市(カモ)

宮城県大崎市(ガン)

佐賀県伊万里市(ツル)

兵庫県豊岡市(コウノトリ)

長崎県対馬市(ヤマネコ)

島根県松江市(ハクチョウ)

鹿児島県出水市(ツル)

●：代表的な冬水たんぼ

図3-2-1　冬水たんぼの分布　文献(呉地 2004)をもとに増補修正

　"復活"した当初、冬水たんぼに期待された効果は、抑草効果・施肥効果・害虫駆除効果という稲作農業に限定的なものであった。それは、後述するように、近世の農書において注目された効果と共通する。しかし、冬水たんぼが広く日本国中に普及するきっかけとなったのは、冬鳥(冬になると日本列島にやってくる渡り鳥)の越冬地・中継地として水田環境が注目されたからである。

　渡り鳥として冬にシベリアなどからやってくるガンカモ類などの水鳥は、くちばしが平たいため乾燥した土の上の餌をついばむことができない。そうした鳥類の多くは水溜まりの残る低湿地において、餌を水とともに口に入れ平たい嘴で濾すようにして食べている。つまり、ガンカモ類などの水鳥の越冬には低湿環境が不可欠となる。

　この渡り鳥との出会いにより、冬水たんぼの普及は全国的なもの

になった。反対からみれば、無農薬・有機栽培や不耕起栽培を進めるための農法としてだけなら、ここまで冬水たんぼが注目されることはなかったといってよかろう。

　つまり、当初、冬水たんぼは近世農書の知恵を継承してコメの無農薬・有機栽培や不耕起栽培に応用が可能な農耕技術として注目され、現代の稲作に導入された。それがそれほど時を置かずに、水田の生物多様性や多面的利用を象徴する存在として、とくに水鳥（渡り鳥）に豊かな生息環境を提供する技術として冬水たんぼは読み替えられていった。

　水鳥を保護することにその主たる目的が移っていったため、ガンカモ類が多く渡ってくる東北日本や日本海側の多雪地帯に冬水たんぼが多くおこなわれるようになった。そのなかには、ラムサール条約登録湿地の宮島沼周辺地域（北海道美唄市）のように「冬水たんぼオーナー制度」を設けて都市生活者との連携を図るところもある。またそうした動きに呼応して、佐渡市（新潟県）や豊岡市（兵庫県）のように、いったん日本において絶滅した稀少鳥類のトキやコウノトリの生息環境を再生することに冬水たんぼ導入の目的を特化させる地域もでてきた。

　本来、冬水たんぼの「冬水」は、福島県会津地方など特定の地方において使われていた民俗用語である。汎用的な一般名称としては「冬期湛水」ということになるが、現在では「冬水」の方が通りがよい。その意味で、「里山」（本来は東北地方の民俗用語）と同様、一種の環境概念として民俗用語が一般化・汎用化した例といえよう。

(3) 農書の中の「冬水たんぼ」

　冬水は近世の農書にも登場する。現代農法としての冬水たんぼはそうした農書に由来するといってよい。おそらく「冬水」という名称も含め、現代の冬水たんぼの手本となったもののひとつが『会津

農書』『会津歌農書』である。

　『会津農書』は貞享元年 (1684) に篤農家の佐瀬与次右衛門が福島県会津地方における寒冷地の農業について記したものである。そこには、わざわざ「田冬水」という項目が設けられている。「山里田共に惣而田へハ冬水掛てよし」といい、山・里を問わず冬水を掛けることを推奨している。そして、冬水を推奨する理由として、「何れの川も何れの江堀にも、川ごミ有もの也」とし、水とともに田に入る川ごミ（川の底に貯まる有機物）が水田の地味を豊かにすることを挙げている。

　また、同じく佐瀬与次右衛門により書かれた『会津歌農書』には、冬水を詠み込んだ以下の4首が載せられている。どれも和歌に託すことで冬水の知識を農民に覚えやすくしようと工夫したものである。

「秋うなひ　置し田面へ　冬水を　かくれ八塊に　ごみたまる也」
「冬水を　かけよ岡田へ　ごみたまり　土もくさりて　能事そかし」
「あら田にも　冬水かけよ　土はやく　くさり本田の　性と成へき」
「元よりも　ひとろむきにハ　冬水を　かけ流しけり　ごみためるとて」

　また、17世紀末ころの愛知県三河地方における農業について記した農書に『百姓伝記』（年代未詳　著者未詳）があるが、その「巻九　田耕作集」では、「寒の水」を「冬田」に掛けることの効用を以下のように説いている。

「一、真性地にして、地ふかなる、土おもきこわき田をハ、冬より正月に至てうち、寒中の水をつけてこをらせ、土をくさらせねかすへし。土にうるほひ出来、稲生ひよく、虫付事希にして、年々稲大穂になり、米も大しほなり」

　このように水田に寒の水を掛けると、土が腐熟して軟らかくなり養分が供給されるため、イネの生育がよくなり、害虫もつきづらくなるとする。さらには、

「寒の水をつけをく事、徳多きと見えたり。しらぬあきなひせんよりハ、冬田に水をつゝめと世話に云り」

これは、農民は不慣れな商売をするよりは冬田に水を入れておいたほうがよい、ということわざを挙げて、冬期湛水を推奨するものである。

このほか、近世期の農書としては、『開荒須知』（寛政七年[1795]、吉田芝渓）や『広益国産考』（安政六年[1859]、大蔵永常）などにも冬期湛水に関する記述がある。おおむね冬に田へ水を掛けることについて、田の土が軟化して春の耕起がしやすいことをその効用に挙げている。

以上のように、近世農書では冬水は、①田地を肥やし、②虫害を減らし、③農作業をおこないやすくする、そのための農法として取り上げられている。この点は冬水たんぼが無農薬・有機栽培や不耕起栽培といった環境農法として復活した当初の目的に合致する。しかし、現代の冬水たんぼはそうした農法としての意味とはまったく異質な文脈のなかでその効用が期待され広まっていることは前述の通りである。

(4) 民俗技術としての「冬水たんぼ」

農書に比べ、民俗技術として伝承される冬水たんぼは、農家生活にとってさらに多様な意味を持っている。冬水たんぼの民俗事例として、長野県の飯山市富倉と佐久市桜井に注目してみる（安室1998）。1950年代前半のまだ日本が高度成長期に入る前、つまり稲作が工業論理化（農薬・化学肥料の大量使用と大型農業機械の導入）される以前に時間軸を設定して当時の冬水たんぼについてみてゆく。

信越国境の山間にある飯山市富倉では、地滑りを防止する目的で冬のあいだ山の搾れ水を水田に入れていた。富倉は棚田地帯で知られ、1戸当たり平均8反歩（80 a）ほどの水田が80〜100枚にも分かれ

ている。山腹の傾斜地に等高線に沿うように階段状に分布する小面積の水田は、多雪地でもある富倉では寒さから凍って底土や畦畔にひび割れができるとノケットとよぶ地滑りを起こしてしまう。それを防ぐため、冬のあいだ中、水を掛けて水田やアゼが乾燥しないようにしていた。

そのため、富倉では、他の稲作地のようにアゼノリ（畦塗り）の時に水田に水を入れるのではなく、反対にいったん水田の水を落としてから畦塗り作業をおこなっていた。傾斜地の棚田地帯ではノケットを防ぐため、稲作作業の中でとくにアゼノリは重要視されており、またそれだけにもっとも多くの労力をつぎ込む作業となっている。そのため、アゼノリは男性の作業とされていた。必然的にアゼノリ作業に併行しておこなうタウナイ（耕起）は、女性が担わざるをえなかった。重労働のタウナイは平地の稲作地では男性の仕事とされることが多い。

そのように富倉では冬水は地滑り防止の意味を持ち、かつそれは稲作労働の労力配分や男女分業といったことにまで及ぶ、いわば農家生活全体に関わるものであった。地滑り防止の冬水という事例は、富倉以外にも新潟県上越市桑取谷（上越市史専門委員会民俗部会編 1993）などでも確認されており、一毛作の寒冷な棚田地域においては共通する民俗技術であったといってよい。

また、標高700mを超える高冷盆地の佐久地方（長野県）でも冬水がおこなわれてきた。佐久は富倉ほど雪は降らないが、高冷盆地のためやはり田での栽培はコメのみの一毛作である。佐久市桜井では水田作業として、冬（11-12月）と春（春彼岸過ぎ）の2回、スキオコシ（犂起こし）といってウマに犂を曳かせる耕起がおこなわれた。前者をフユブチ、後者をハルブチというが、フユブチのときに冬水が掛けられた。これをこの地方ではゴミカケミズ（ごみ掛け水）という。

高度成長期前まで、金銭収入の限られた一般の稲作農家では金肥

を買って水田に入れることはほとんどなかった。そのため山でカリシキ(刈敷)してきた草や稲藁を水田に入れてフユブチをし、冬の間中そこに水を掛けておいた。そうすると水田の中の草や藁が腐って肥料分となる。また、スキオコシしただけでは土は大きな塊のままであるが、冬の間中ゴミカケミズをすることにより土が軟らかくなって土塊が自然にこなれていく。ゴミカケミズは、佐久盆地のような冬の寒さの厳しい地域においては、水田の凍結を防ぎ、また消雪を早め、結果として春の農作業をいち早くおこなえるという利点もある。

　また、前記のように冬のあいだ中、水を掛けなくても、多くの水田では3月彼岸を迎えると、いっせいに水田に水を入れる。このゴミカケミズをとくにヒガンミズ(彼岸水)という。これもやはり草や藁を水田に入れてからおこなうことにより肥料分を補うものである。当時、反当4石(約8俵 = 480kg)を越すほど桜井では水田の生産性が高かったのは、こうしたゴミカケミズがおこなわれていたためだとされる。

　そのように、ゴミカケミズは、稲作の面から見ると、水田に肥料分を補給する役割を果たすとともに、春の雪解けを促し一刻も早くタウチなどの稲作作業をおこなえるようにし、かつまた耕起作業にかかる労力を軽減した。さらには、そうした農業上の効用とともに、当時、桜井の稲作農家にとって重要な生業のひとつであった水田養鯉においてもゴミカケミズは大きな意味を持っていた。

　第1に、ゴミカケミズは冬籠もりしているコイを目覚めさせる効果がある。そのためゴミカケミズはコイの「目覚めの水」ともいわれる。ゴミカケミズは水田からでると用水路を通ってイケ(越冬池)に入れられる。一度水田を通ってくるため日の光を浴びて水が暖められており、イケの中で越冬していたコイはその水で活性化し、いっせいに餌を食べだす。自然に任せていたのでは、春遅い佐久盆

地ではなかなかイケの水温は上がらないが、ゴミカケミズを入れることでいち早くイケ内の水温を上げることができる。そうしてコイの最適水温である20〜25度に近づけてやり、餌の食いをよくしてコイを肥育させる。また、ゴミカケミズのおこなわれない地域に比べると、いち早くイケから水田へコイを移すことが可能になる。

　そして第2に、ゴミカケミズはコイの初期養成にとって大きな意味を持っていた。ゴミカケミズを掛けるときには必ずカリシキした草や藁を入れるため、そうした有機物が栄養源となって5月22・23日の小満祭（佐久地方の代表的祭礼）のころには水田の中にミジンコが発生する。ちょうどその時分にコイの産卵時期が設定されており、孵化したコイの稚魚は最初の1週間は水田のミジンコを食べて大きくなる。当時はまだ稚魚用の人工飼料が開発される前であったため、ミジンコの発生をちょうど孵化の時期に適中させる技は、養鯉家ごとに秘伝とされ、稚魚の養成には不可欠の民俗技術であった（安室 1998）。

　以上、富倉と桜井を例にして民俗技術としての冬水たんぼをみてきた。現在、各地で復活している冬水たんぼは、ひとことで言えば環境保全型ないし環境創造型の農法として意味を持つものである。一方、民俗世界に伝承されてきたそれはもっと多様な面で住民生活に関わるものであり、その地域においてはたんなる農法にとどまらず生活文化体系の一角をなすものであったといってよい。

　その意味で、復活をはたした冬水たんぼは従来の生活文化体系を離れ、技術としては他の民俗事象と切り離され断片化されることで、環境技術として特化することができたし、また現代においてその存在価値を示すことができたといえよう。

　さらに言えば、本来、民俗技術としての冬水たんぼは寒冷地や棚田地帯にその伝承地は限られていた。しかし、環境技術に特化したことにより、その適用範囲は格段に拡がったといってよい。図3-2

−1のような全国分布を示すようになったのはまさに冬水たんぼが環境技術化されたからである。

3　民俗技術とワイズ・ユース
　　　―ラムサール条約と伝承カモ猟―

（1）ひとつのワイズ・ユース体験

　冬水たんぼを設けることで渡り鳥を保護しつつ、同時にワイズ・ユースの典型とされるカモ猟が伝えられる地として石川県加賀市大聖寺の片野鴨池は有名である。その伝承カモ猟とはサカアミ（坂網）と呼ぶ1辺が2ｍ程の小さな三角網を用いたものである。それは加賀市など自治体だけでなく日本野鳥の会やＷＷＦジャパンといった世界規模の環境保護団体のホームページや機関誌にもたびたび取り上げられており、その意味で日本でもっとも有名なワイズ・ユースといってよい。

　片野鴨池の名が広く知られるようになった契機として、1993年6月10日のラムサール条約への登録は大きな意味を持つ（表3-2-1）。そのラムサール条約により提起され広められた環境思想がワイズ・ユースである。片野鴨池の場合、在地に永く伝えられるサカアミのような民俗技術はたとえカモを猟するものであっても、水鳥など動植物や池周辺の環境を保全するのに役立ってきたということでワイズ・ユースとされた。

　サカアミ猟を調査するため、筆者が片野鴨池をはじめて訪れたの

写真3-2-2　ラムサール条約登録湿地の片野鴨池
（石川県加賀市）

表3-2-1　片野鴨池をめぐる環境史年表

年次	事　項
1969	石川県天然記念物に指定
1984	加賀市鴨池観察館のオープン
1986	第3回日ソ鳥類保護シンポジウムの開催
1986	第32回日本野鳥の会全国大会の開催
1988	鴨池観察館友の会の発足
1993	越前加賀海岸国定公園第一種特別地域に指定
1993	国設片野鴨池鳥獣保護区特別地区に指定
1993	ラムサール条約登録湿地に指定
1994	鴨池観察館10周年記念第10回雁のシンポジウムを開催
1996	鴨池たんぼクラブの活動がスタート
1999	東アジア地域ガンカモ類重要生息地ネットワークに登録
2003	片野鴨池総合研究会(ラムサール10)の結成
2006	片野鴨池生態系協議会の設立

鴨池観察館HP（http://park15.wakwak.com/~kamoike/）に加筆・修正を加えたもの

は1993年1月、冬のことである。このときはまだワイズ・ユース概念は日本において一般化しておらず、伝承カモ猟をおこなう地域住民と日本野鳥の会を中心とする片野鴨池の自然を守ろうとする人びととが鋭く対立していた。

　そのため両者とも張りつめた緊張感のもとにあり、雰囲気的にサカアミ猟に関する民俗調査はまったくといってよいほどできなかった。カモ猟師側に行くと都会からやってきたということでカモ猟反対を唱える側として警戒され、自然保護派の人たちのところでは「なぜカモを捕ることを肯定するような研究をするのか」と問い詰められた。その結果、サカアミ猟の調査はほとんどおこなうことができないまま片野鴨池を後にすることとなった。

　それが、7年後の2000年に再度、片野鴨池を訪れたときには様相は一変していた。まずは自然保護派の人たちが積極的に"伝統技術"

としてサカアミ猟を評価しようという姿勢に転換していた。その背景にはまさにワイズ・ユース概念があったことはいうまでもない。そうなると、自然保護派の人たちにとってはサカアミはワイズ・

写真3-2-3　サカアミ猟（石川県加賀市）

ユースとしてむしろ重要なものとなった。また反対に、カモ猟師側にも、自分たちの猟が"300年"も続くサステイナブルなもので、いかにワイズ・ユース的かということを積極的に語る人たちがでてきた。

　そうなることで、現在は、伝承カモ猟の保存会（片野鴨池坂網猟保存会）が、自然保護派の砦とでもいうべき片野鴨池観察館（日本野鳥の会レンジャーが常駐する施設）に置かれ、またその代表は直接にはカモ猟や自然保護運動と関わっていない地元の文化人・財界人（病院経営者や著名な陶芸作家など）が就任した。

　そうしたことで、さらに雪解けの機運は広がりを見せ、ワイズ・ユースなサカアミ猟という認識は一般化することになる。そうした動きは現在さらに加速され、地域内外の研究者や自然保護運動家また行政や地元商工会を巻き込んで、地域振興の動きとも連動しつつある。

　ここで問題となるのは、ワイズ・ユースの概念が、自然保護派側とカモ猟師側の双方に、サカアミという猟を古くから伝わる"素朴"な民俗技術として、まただからこそ環境保全型技術たりえるとしたことである。さらに、そのことは、サカアミ猟という民俗技術を地域の伝統であり宝として後世にも伝えていこうという雰囲気を表面

的には生み出した。

　その結果として、再度調査に訪れた筆者に対して、カモ猟師側だけでなく自然保護派の人もむしろ積極的に調査に応じてくれるようになった。初めて調査に訪れた1993年当時との対応の違いに驚くとともに、改めてワイズ・ユースという環境思想の持つ影響力の大きさを思い知らされた。

(2) 伝承カモ猟をめぐる3つの誤解

　このとき注意すべきは、サカアミ猟はカモを捕りすぎることのない"素朴"な民俗技術であるという、自然保護派側とカモ猟師側に共通する認識の上に両者の雪解け気運は成り立っていることである。このほか、ワイズ・ユース概念の導入により急速に対立から融和へと進んだ背景にはいくつかの誤解が存在する。むしろ、そうした誤解があるからこそ、急速に和解が進んだといってもよい。そうした誤解は、以下に示す3つの点に代表される。

①カモ猟の経済的意味が変わったこと

　サカアミ猟は現在はまったくといってよいほど経済性を持っておらず、まさに遊びとしてしかおこなわれていない。それは、カモの捕獲数が大聖寺捕鴨猟区組合(片野鴨池のカモ猟師が作る組合、通称「捕鴨組合」)に記録が残る30年ほどの間に激減したためである。1970年には1362羽の捕獲数があったが、80年には681羽、90年625羽、2000年210羽となっており、現在はさらに減少している。この30年間、一貫して捕獲数は減少し、2000年は1970年の6分の1以下になっていることが分かる。その結果、現在では、猟にかかる諸経費と猟により得ることのできる収入を勘案すると、前者の方がはるかに多くなっている。

　かつては、片野鴨池でサカアミ猟をおこなうには、狩猟免許以上に重要な要件として捕鴨組合の組合員になることが求められた。組

合員でなければ、たとえ狩猟免許を持ち地元の猟友会に属していて
も、片野鴨池でサカアミ猟をすることはできなかった。しかも、捕
鴨組合の会員数は株により一定数（100株）に固定されていた。カモ
が多く捕れ、かつそれを換金できる社会経済システムが整っていた
時代（おおむね1960年代まで）には、1株が年間コメ150俵（9トン）もの
価値を持っていたとされる。

　そうした時代において、株数により片野鴨池でのカモ猟師の数が
限られていたのは、カモの乱獲を防ぐなど自然保護のためというよ
りは、新規の参入を困難にすることで、組合員が自分たちの利益を
守るためであった。カモ猟に高い経済性があるからこそ厳格な規定
が作られ、また守られてきたというのが本当である。

②カモの飛来数が激減したこと

　近過去50年の間、片野鴨池へのカモの飛来数はほぼ一貫して減
り続けている。片野鴨池観察館（日本野鳥の会）の記録によれば、
1980年には20175羽の飛来が確認されているが、85年にはじめて1
万羽を割ると、その後は90年6955羽、2000年1998羽というように
激減している。記録が残っている中でもっとも飛来数の多かった
1978年の46654羽からすると、2000年の1998羽はわずか23分の1
に過ぎない。

　こうした近過去50年の飛来数の激減についてはさまざまな憶測
を生んでいる。ガンカモ類の繁殖地であるシベリアの開発により日
本にやってくるカモの数自体が減少しているという説。これは片野
鴨池の問題というよりは、県や国の範囲を超えるまさに地球環境問
題である。また、片野鴨池の周辺にある水田は飛来したカモの餌場
になるが、そうした水田地において土地改良による乾田化が進み、
結果としてカモの餌場がなくなってしまったという説。片野鴨池周
辺の冬水たんぼは、そうした説を根拠として導入が進められてい
る。さらには、かつてに比べると片野鴨池以外にも銃猟禁止地域が

増えたため、カモが分散して、その結果として、片野鴨池への飛来数が減ったという説もある。

　こうした種々の説が出される以前には、もっとも有力な説として、サカアミによる捕獲が片野鴨池のカモを減少させたといわれていた。とくに自然保護派の人びとにそうした考えが強かった。しかし、その点はまさにワイズ・ユース概念が普及するとともに劇的に意見が変わった。その結果、自然保護派の人びとは乾田化を次なる理由に求め、サカアミ猟反対の運動に代わって冬水たんぼの推進を唱えるようになった。

　このとき注目すべきは、こうした意見の転換は必ずしも実際の科学的データに基づくものではないという点である。サカアミ猟によるという説を含め、片野鴨池におけるカモの減少はじつのところ未だに科学的にはきちんと説明のついていない現象である。

③民俗技術に対する先入観

　サカアミ猟に関しては、その技術が武家の鍛錬として"300年"以上もの伝統を有しているという言説が、そのままサカアミをワイズ・ユースとするときの根拠に使われている。つまり、自然利用の点でサステイナブルな技術と見做されたわけである。それはまた昨今の加賀市や商工会を中心とした地域振興の動きにおいてもサカアミ猟を文化資源化するときの価値づけに用いられている。

　この"300年"以上もの伝統を有するという言説の背景には、明らかにサカアミという民俗技術がカモを獲りすぎない（生産性のよくない）"素朴"な技術であるという先入観が存在する。とくに自然保護派の人びとがワイズ・ユースというときには暗黙のうちにそうした先入観を共有しているといってよい。

　サカアミは労働生産性の点からすれば、また費用対効果の点からしても、けっして銃猟に劣るような猟法ではない。むしろ効率的で生産性の高い猟法であるといってよい。銃猟の場合、銃や弾丸はも

ちろんのこと、オフロード車・ボート・猟犬といった装備を揃えなくてはならないため金銭的な負担は大きい。また、一度銃を撃つとその音でカモが飛散するため、それを車で追いながら猟をしなくてはならないというように半日単位の時間を必要とする。当然、休日を利用して猟に出かけざるをえない。

　それに対して、サカアミ猟は基本的に網さえあれば猟ができ、しかも網は自製が可能で、材料費も銃に比べればはるかに安い。また、仕事を終えてからでも間に合う日没時の15分間ないしは夜明け直前のやはり30分間ほどが猟に必要な時間となる。しかも、片野に住んでいれば、猟場は歩いても行けるような日常の生活圏にある。そのため、仕事に支障をきたすことなく、毎日でも猟ができ、それがあたかも日課のようになっている人も多い。実際にサカアミ猟が好きな人は、雪や雨が降ろうが、正月だろうが猟に出る。雨や雪が降ればそれなりのやり方で猟をおこなうことができる点も重要である。そう考えると、金銭的にも、また労働生産性の上でもサカアミは銃猟に勝っているといえよう。サカアミ猟師の中には銃猟をおこなう人もあるが、その人の感覚も同様で、とにかく銃猟は金銭がかかるという。

　また、技術的な側面からみると、サカアミはたしかに銃のように工業技術として高度化したものではない。しかし、反対に、経験や観察に裏打ちされた民俗知（自然知）を要する技能としては高度化を極めている。さまざまな気象条件に対応できるのはそのためである。また、片野鴨池の周囲において360度どこから飛び出してくるか分からないカモを一地点で待ち伏せるときの場所の選定法もそうした技能なくしてはありえない。

　つまり、サカアミ猟は風向き・天候・地形・植生・月の朔望といった地域の自然に関する総合的な知識を駆使しなくてはならず、銃猟に比べ技能的に劣った“素朴”なものなどではけっしてない。し

かもそうした技能は、マニュアルがあるわけではなく、経験的で体得的な暗黙知であることに特徴がある。ひと言でいえば、サカアミ猟は、低技術・高技能の民俗技術である。

(3) 伝承カモ猟の現在と未来

　ここで注目すべきは、今日そうしたいくつもの誤解点は、完全に解明されることがないまま問題自体が無意味化しつつあることである。現在、それまで対立してきたカモ猟師と自然保護派という二極の枠組みが意図的に崩されつつある。それは、商工会・行政・研究者といった人たちが第三者的に片野鴨池やサカアミ猟に関わるようになってきたからである。

　その結果、サカアミ猟師や自然保護運動家も含め全体として片野鴨池の自然を保全しながらそれをうまく地域振興に利用していくにはどうすればよいかといった方向に関心が向かいつつある。その転換にワイズ・ユース概念が重要な役割を果たしたことはいうまでもない。

　そして、現在では、当初の誤解は曖昧なものとなり、またそれを歴史を遡り無理して解きほぐす必要はないという雰囲気になってきている。そうした論点の曖昧化により、片野鴨池をめぐってはますます住民・行政・研究者の協調という雰囲気が強められていっている。その中心に加賀市が主導し住民・行政・研究者の各代表が参加する片野鴨池生態系協議会 (2006年設立) があり、筆者もそのメンバーの一人である (写真3-2-4)。

　また具体的な動きとしては、たとえば、加賀市 (ブランド推進協議会) の働き掛けにより、サカアミ猟見学と加賀料理 (カモ料理)、それに座談会を組み合わせた「加賀國大聖寺藩古式猟法『坂網鴨』食談会ツアー」を催したり、またNPO法人白川郷自然共生フォーラムが鴨池観察館・捕鴨組合・加賀市の協力を得て「武士の伝統鴨猟『坂

網猟』とジビエ料理のエコツアー」を企画したりしている。ともに案内状や広告文において、「伝統」「古式」「エコ」という言葉が惹句として頻繁に用いられ、そのことが過度に強調されている。

こうした動きにみられるように、サカアミ猟をめぐる歴史や論点の曖昧化に潜む問題は大きく、サカアミ猟の今後を考える上でそれを無視するわけにはいかない。そうした問題がサカアミ猟の文化資源化をめぐる思惑の中に透けて見えてくるからである。

写真3-2-4　サカアミ猟師、日本野鳥の会レンジャー、坂網猟保存会の三者が一同に会するシンポジウム

サカアミ猟師、自然保護派、行政・商工会の三者はそれぞれ違った思惑でサカアミ猟を文化資源化しようとしている。その思惑とは、サカアミ猟師はサカアミ猟の存続、自然保護派は片野鴨池の環境保全（水鳥の保護）、そして行政・商工会はサカアミ猟による地域振興である。サカアミ猟の文化資源化に寄せる期待は最初からまったく異なっていたといってよい。つまり、文化資源化により、サカアミ猟の存続それ自体を目的化しているのはサカアミ猟師だけである。行政・商工会は地域振興、自然保護派は水鳥の保護が目的であって、サカアミ猟の文化資源化はその手段に過ぎない。

そして、このとき重要なのは、まったく異なった三者の思惑は、

現在、ワイズ・ユースという環境思想の1点で頼りなく繋がっているに過ぎず、そのことでサカアミ猟はやっと命脈を保っていることである。今はサステイナブルなワイズ・ユースということで何となくサカアミ猟が認められている状態にすぎない。

　ワイズ・ユースという一種の環境ブームが去ったとき、またはサカアミ猟が地域振興にも自然保護にも役立たないとみなされたとき、一気に三者の思惑が表面化することになろう。行政・商工会や自然保護派の人たちのサカアミ猟に対する評価が変われば、ワイズ・ユースという一本の細い糸でつながったサカアミ猟の存在基盤はもろくも失われることは必定である。

　実のところ自然保護派のなかに根強い思いとして潜在している「カモを捕るのは可哀想」といった感情が、ひとたびワイズ・ユースというタガがはずれれば一気に噴出してくるにちがいない。それはカモ猟師と自然保護派の対立というワイズ・ユース概念が一般化する以前の状態に戻ることである。それはまさに筆者が最初に片野鴨池を訪れたときの状況であるが、現在ではすでにカモ猟師側に自然保護派に対抗するだけの力（人的・経済的）はなくなっている。

　そうなれば、経済性もなく趣味にとどまるサカアミ猟は、おそらく簡単に命脈を絶たれることになろう。サカアミ猟に興味を失った商工会・行政の無関心の中で、自然保護派からの圧力に、サカアミ猟師だけでは抗しきれない。そして、サカアミはまさに民俗文化財としてのみ保存がはかられることになろう。

(4) 文化資源化される民俗技術

　水田稲作が環境保全型農業として、さらには環境創造型農業として注目されていくとき、水田における水鳥（水田生物）とイネと人の関係は環境思想におけるワイズ・ユースの考え方と合致した。そうした環境思想との出会いにより、高度成長のなか次々と姿を消して

いった民俗技術が文化資源として注目されることになる。しかも、それは「環境保全に役立つ」「環境にやさしい」という付加価値さえ付けられることになる。そうして文化資源化されたカモ猟は環境教育の教材として、ま

写真3-2-5　片野鴨池周辺の冬水たんぼで栽培された米「ともえ」

た農村部における地域振興の切り札として各地で注目されることになった。

　こうして文化資源化されたカモ猟は民俗学における生業論や労働論による解釈から離れてゆく。現在では猟者にとってカモ猟はすでにたんぱく質獲得のためでもないし、また現金収入を得るための方途でもない。当然、かつてカモ猟とリンクしていた他の民俗事象（食や信仰、儀礼など）とは切り離され断片化されている。そのように断片化された民俗技術はカモ猟に限らず、文化資源としては商品化されやすく、ワイズ・ユースという新たな文脈を与えられたとき、それにいともたやすく組み込まれていく。それが文化資源化された民俗技術にとっては商品価値を上げることになるからである。

　反面、視点を変えると、民俗技術にとって文化資源化は地域振興や環境教育といった現代社会との新たな関係性の獲得という側面もある。それは、現代における新たな民俗・社会的リンクの獲得として評価すべきことであろう。しかし、そこにはいくつか留意すべきことがある。

　ひとつは、民俗の断片化がもたらす負の側面である。ワイズ・ユースのような環境思想の追い風に乗って民俗技術が文化資源化し

ようとするとき、民俗の断片化は一気に進む。その目的が地域振興にしろ、また環境教育にしろ、効果を安易に求めようとするとき、恣意的に「伝統」や「エコ」と結び付けられる傾向があることには注意を要する。地域振興の効果を高めたいがため、過度に伝統性や歴史的正当性また持続再生産性といったことが強調され、地域の歴史が歪められたり捏造されたりすることは多い。前述のように、片野鴨池の伝承カモ猟にもそうした傾向を読み取ることができる。そうしたいわば歴史の粉飾はそれが明らかになったとき、民俗そのものの否定に繋がってしまい、かえって地域の振興や融和の機運を衰退させかねない。

　そして、もうひとつの留意点は、伝承カモ猟のような民俗事象は一時の流行現象として扱われがちなことである。ブームが去れば、それはもはや民俗・社会的リンクは失われ、現代社会における存在意義も損なわれてしまうことになりかねない。ましてや、伝承カモ猟の場合、ワイズ・ユースというやはり移ろいやすい環境思想に乗ってなされた再評価だけに、二重の意味で存在基盤は脆弱である。民俗技術自体が飽きられるか、地域振興や環境教育に関しての効果が薄れるかした時、またはワイズ・ユースのような環境思想のブームが去った時、前述のように、伝承カモ猟はたやすく他のものに取って代わられ捨てられてしまうであろう。それを民俗技術の再評価であり文化資源化とえるのか、今一度考えてみなくてはならない。

引用参考文献

［一般書］
・呉地正行　2004　「国内外に広がるふゆみずたんぼ」『野鳥』681号
・上越市史専門委員会民俗部会編　1993　『桑取谷民俗誌』上越市
・徳富蘆花　1938　『みみずのたはごと（上・下）』岩波書店
・成末雅恵　1992　「埼玉県におけるサギ類の集団繁殖地の変遷」『日本野鳥

の会研究報告』11号
・沼田　真　1994　『自然保護という思想』岩波書店
・藤岡正博　1998　「水田生態系における湿地性鳥類の多様性」農林水産省
　農業環境技術研究所編『水田生態系における生物多様性』養賢堂
・守山　弘　1997　『水田を守るとはどういうことか』農山漁村文化協会
・安室　知　1998　『水田をめぐる民俗学的研究』慶友社
・安室　知　2005　『水田漁撈の研究』慶友社
・安室　知　2006　「田園憧憬と農」岩本通弥ほか編『都市の暮らしの民俗学
　1―都市とふるさと―』
・安室　知　2012　『日本民俗生業論』慶友社
・藪並郁子・小林聡央　2002　「ワイズ・ユースを実現するために」『環境教
　育研究』5巻2号
　［農書］
・佐瀬与次右衛門『会津農書』（日本農書全集19）農山漁村文化協会、1982
・佐瀬与次右衛門『会津歌農書』（日本農書全集20）農山漁村文化協会、1982
・吉田芝渓　『開荒須知』（日本農書全集3）農山漁村文化協会、1979
・大蔵永常　『広益国産考』（日本農書全集14）農山漁村文化協会、1978
・著者不詳　『百姓伝記』（日本農書全集17）農山漁村文化協会、1979

引用参考ホームページ
・加賀市鴨池観察館ＨＰ　online：http://park15.wakwak.com/~kamoike/
　2012.6.1

第3章　文化資源化される農耕儀礼
―地域アイデンティティーとしてのお田植祭と赤米―

1. 赤米祭祀の村

　種子島の南端に近い鹿児島県南種子町茎永[くきなが]には赤米の祭祀が伝承されている。宝満[ほうまん]神社のお田植祭である。現在日本では、赤米の祭祀は南種子町茎永のほか、長崎県対馬市厳原町豆酘[つつ]と岡山県総社市新本[しんぽん]の3か所にしかないとされ、現代ではそれを記念して赤米サミットが3自治体の持ち回りでおこなわれている。

　そのように、現代社会にあっては、宝満神社お田植祭は地域の伝統行事として保持されるだけでなく、貴重な文化資源としてさまざまな目的に用いられるようになってきている。その目的は、観光振興・地域振興・地域融和・学校教育などさ多岐にわたる。

　そうした宝満神社お田植祭の文化資源化の動きには、赤米をめぐってなされるものと、お田植祭に関してなされるもの、という2つの方向性を見いだすことができる。この点は、宝満神社お田植祭の文化資源化にみられる大きな特徴といってよい。また文化資源化は、具体的には、商品化、イベント化、観光化、文化財化、教材化など、さまざまな様相を呈することになる。

　以下では、赤米に関するものとお田植祭に関してなされるものというの2つの側面から、宝満神社お田植祭の文化資源化について、その諸相を記録するとともに、南種子町茎永にそうした儀礼が今でも伝承され、かつそれがさまざまに文化資源化されていることの意義とその背景を考察することとする。

2. 宝満神社の赤米とお田植祭—概観—

(1) 赤米とは

宝満神社のお田植祭をもっとも特徴づけるのは赤米であるといってよい。お田植祭に用いられる赤米は門外不出で宝満神社に伝えられてきた。赤米の祭祀を伝承する前記3か所の赤米はそれぞれ見た目が大きく異なっているとされ、なかでも宝満神社の赤米は茎丈と芒がひときは長いという特徴がある。そのことが「茎永」という地名のもとになったとされる。

一方で、かつて赤米は神田で栽培され儀礼に用いられるだけのものではなかった。茎永では、明治期まで一般の水田でも赤米が栽培されていた。つまり、日常の食物として赤米が用いられていた。

宝満神社のお田植祭で栽培される赤米は、アカノコメまたはオイネと呼ばれるのに対して、一般の水田で栽培されるものはアカゴメと呼ばれ区別されていた。イネの性質も表3-3-1に示すように明らかに異なっている。最大の違いは、その栽

写真3-3-1　宝満神社の赤米
　　　　　上　直会で供される赤米のにぎり飯
　　　　　下　祭壇に供えられた赤米とその苗

表3-3-1　赤米の対比―南種子町茎永―

品種名　アカノコメ（オイネ）*							
芒	粒幅	実の色	芒・籾色	茎丈	穂長	分蘗	脱粒性
有り長い	細長い	外は赤中は白	白	高い	長い、粒なり薄い	なし	落ちにくい
早晩性	味	播種期	収穫期	栽培法	栽培年代	その他	
中稲	不味、香味、ネバケあり	旧4月初め（旧5月初田植）	旧9月初め	田植え	現在まで	お田植祭に使用	
品種名　アカゴメ							
芒	粒幅	実の色	芒・籾色	茎丈	穂長	分蘗	脱粒性
少し有り	細長い	剥くと赤	―	高い	長い、粒なり薄い	少ない	落ちやすい
早晩性	味	播種期	収穫期	栽培法	栽培年代	その他	
―	ネバケなし	八十八夜頃	盆	ネズンメ（摘み田）	明治35年頃まで	盆米に使用	

*宝満神社に伝えられる赤米

（筆者調査および下野敏見『種子島の民俗Ⅰ』より作製）

培方法にある。アカノコメ（オイネ）は田植え方式なのに対して、ア
カゴメは主として摘み田（直播き）方式で栽培される。このように見
てくると、茎永には、2系統の赤米が存在した可能性が高い。

　茎永の場合、赤米は神社祭祀にとどまらず、住民の生活文化を特
徴づけるものでもあったといってよく、その点は後述するが、赤米
が文化資源化されるうえで重要な意味を持っている。

　アカゴメは茎永では1900年頃まで作られていた。通常、ムタ（湿
田）において、ネズンメまたはチョッポーウエと呼ばれる摘み田（直
播き）で栽培された。田の水をある程度干してから、5・6寸（15-
18cm）間隔に、コゴエ（堆肥）に混ぜた種子を3本の指で摘んでは点
播してゆく。ただし、少数ではあるが、白米と同様に、苗代を作り
田植えにより栽培する人もあった。収穫は、旧暦9月9日の宝満神

社の祭礼を目途として終えるようにした（中村 1974・下野 1993）。

　なお、農学者の渡部忠世によると、宝満神社に伝わる赤米（アカノコメ）はジャバニカ種で、遺伝的形質ではインディカよりもジャポニカに近く、水陸両用つまり陸田でも水田でも育てることのできる種であるとされる（渡部 1993）。

（2）お田植祭とは

　現在、宝満神社のお田植祭は毎年4月3日におこなわれている。それはひとことで言えば、田植え作業を行事化した農耕儀礼である（写真3-3-2）。全国的に見れば田植えに赤米が用いられることに特徴があるが、さらに茎永においては一般に摘み田で栽培されていた赤米がお田植祭（神田）のときだけ田植え方式が用いられる点に特徴がある。全国的に見ても、赤米を用いた神社祭祀は、本章で報告する南種子町茎永（宝満神社）以外には、岡山県総社市新本（國司神社）と対馬市厳原町豆酘（多久頭魂神社）にしかない。

　お田植神事は、一般的には稲を中心に五穀豊穣を祈願する神社祭祀であるが、儀礼としては大きく2つのタイプに分けることができる。一つは、田植えを中心に模擬的に農耕の所作をおこなうもので、予祝儀礼の性格が強い。模擬的な所作になるため、水田が実際に使われることはなく、神社の境内や拝殿などで、松葉を苗に見立てるなどして田植えがおこなわれる。また、模擬的田植えは、神主や青年会の男性によりおこなわれることが多い。

　そしてもう一つのタイプが、神田などを

写真3-3-2　宝満神社のお田植祭

使って実際に田植えがおこなわれるものである。宝満神社のお田植祭はこのタイプに属する。この場合、全国的には植え手に子どもや早乙女（女性）が登場することが多いが、宝満神社のお田植祭では植え手は男性である。

宝満神社のお田植祭は種子島の一般農家がおこなう稲作儀礼を背景として成立したとされる（南種子町教育委員会編 2014）が、赤米の品種が別系統であると考えられること、および神事と一般の稲作法が大きく異なっていることから、むしろ両者の関係は不連続と見るべきであろう。

興味深いことに、種子島の南端に近い宝満神社のお田植祭と対をなす祭祀が、ちょうど島の北端に近い浦田神社（西之表市国上）でかつておこなわれていた。浦田神社の祭神は鸕鷀草葺不合命で、宝満神社の祭神玉依姫とは夫婦の関係にあり、宝満神社の赤米に対し白米を祀るとされる。浦田は種子島における稲作起源地とされ、その種子は宝満神社の赤米に由来すると伝承されている。「宝満宮縁起」には、宝満神社の赤米が絶えたときは、浦田神社の白米を持って行くと赤米になり、また反対に浦田神社の白米が絶えたときは宝満神社の赤米を持っていき植えると白米になるとされる（南種子町教育委員会編 2014）。

宝満神社のお田植祭は4月3日に宝満神社の社地になっているお田の森とその周囲にある神田（オタ＝御田）でおこなわれる。お田植祭には、お田植舞が奉納されるフナダ（舟田）と実際にお田植えがおこなわれるオセマチの2枚が用いられる。

4月3日の未明、宝満神社宮司（かつては社人）により、シュエートリがおこなわれる。シュエートリは猫玉草と呼ばれる植物を束にしたもので瓶や桶に潮水を汲み取る儀式である。宮司が一人で海岸に行きおこなうものとされ、シュエートリに用いた草束はお田の森の祭壇に供えられる。その後、お田の森で神事（修祓の儀、降神の儀、

献饌の儀、祝詞奏上、四方払い、玉串奉奠、昇神の儀、撤饌）がおこなわれ、最後にお苗授けの儀としてお田植えに用いる苗（オイネ）が公民館長に手渡される。

　そして、そのオイネを用いてオセマチで田植えがおこなわれる。それに併行して、フナダでは社人夫婦によりお田植舞（社人の舞）が奉納され、その後フナダにもオイネが植えられる。

　詳しくは後述するが、お田植祭の文化資源化にとってひとつの大きな転機となる赤米サミットが開催された2004年までは、お田植舞で宝満神社のお田植祭は終わりであった。それが、現在は直会がおこなわれるまでの時間を利用して、茎永宝満神楽保存会により宝満神楽の奉納がおこなわれている。宝満神楽は備中神楽を手本に創作され、2005年からお田植祭の一環としておこなわれるようになったものである。

3　赤米の文化資源化

（1）赤米の商品化

　宝満神社お田植祭を側面から支える存在として村民有志で組織される村おこしの団体、千石村は重要な意味をもつ。千石村が中心となって進める事業に赤米の商品化がある。千石村は、正式には「ミニ独立村赤米のふるさと千石村」といい、1999年に茎永公民館長が主導して結成された。その目的は、赤米を中心とした地域資源

写真3-3-3　商品となる赤米

を活用することで独創的な村づくりをおこなうことにある。その名称は江戸時代に茎永の石高が千石であったことに由来する。

　千石村の活動上の特徴は、公的な性格の強い公民館ではできないことに積極的に取り組むことにある。その意味で公民館活動の延長線上にあり、それを補強するためのものともいえる。たとえば、赤米の文化資源化にとって大きな意味をもつ赤米サミットを南種子町で開催したときは町に代わって千石村が主催者となっている。

　活動は会員による無料奉仕が基本となる。赤米サミットのような大きなイベントを主催するときには各種財団の助成金を得たりしているが、それはけっして継続的なものではない。そのため、千石村では日常的な活動資金を得る目的から、また同時に地域振興の象徴的事業として、赤米を栽培することとなった。実際、2001年頃から会員が赤米を栽培しそれを町立博物館のたねがしま赤米館などで販売している。ただし千石村の結成当初から販売目的で赤米栽培をおこなっていたわけではない。

　千石村が栽培する赤米は宝満神社の赤米とは直接には関係ない。宝満神社の赤米は門外不出とされ種籾は神主が代々厳重に管理している。そのためオセマチのような神田でしか作ることができない。それは昔からのしきたりとされ、たとえその活動が茎永地区のためのものであるからといって、千石村では宝満神社の赤米を譲り受けようとはしなかったという。

　千石村で栽培する赤米は、「たまより姫」という粳の品種である。これは宝満神社に伝わる赤米と「はやつくし」を交配して作られたとされる。正式な品種名は「西南赤134号」で、鹿児島県農業開発総合センターが開発したものである。

　この新たな品種の赤米は、宝満神社の赤米よりも田植えは遅く、稲刈りは早いという特徴を持つ。このとき注意すべきは田植えの時期である。茎永では伝統的に宝満神社のお田植がすまないと一般の

田植はしてはいけないことになっている。その教えに従い、栽培品種が選定されたといえる。ちなみに2012年の場合、田植えは4月29日、稲刈りは8月18日におこなわれている。

　宝満神社の赤米は昔から神社に伝えられる古代米とされ、生長すると茎が170cmにもなる。それに対して、千石村の赤米は、前述のように、宝満神社の赤米の血を引く改良米である。ただし門外不出のはずの古代米がどのようにして新品種の交配に用いられたかはよく分かっていない。かつて茎永では宝満神社以外でも赤米が作られており、その時の種子が県に残されていたともいわれるが、そうとなればその赤米は宝満神社のものとは別品種の可能性が高い。

　現在、千石村で栽培している赤米の品種が鹿児島県農業開発総合センターで開発された品種の中では古代米の血がもっとも濃いという。その栽培を始めるときには県から指導員が来て栽培法の説明がなされた。また、県の指導により今後は新たな品種改良の赤米が作られると、それに変えてゆくことになっている（半強制的に品種の転換がなされる）。2012年度には、新たに改良された赤米（新たな農林番号をもつ）がやってくることになっている。ただし、新しい赤米が県から配られると、その段階では種籾はまだ少量のため、町にある3.4戸の関係農家がまずはそれを栽培して量を増やし、それが千石村にやってくることになっている。

　こうした赤米の品種改良は、千石村や他の栽培農家からの要請で、宝満神社の古代米の血を少しでも濃くするように改良が進められている。それは、その方が商品としてインパクトがあり、商品価値が上がるからである。なお、現在は長崎県対馬市と岡山県総社市でも赤米が伝えられているが、その血は千石村が作る赤米には入っていないとされる。つまり、住民の意識として、千石村で栽培する赤米は宝満神社にのみ伝わる赤米の血を引くものであることに意義がある。その意味で、千石村の赤米は品種改良において一般化・普

遍化よりも特殊化・個別化が志向されているといえよう。

　2012年の場合、赤米を作付けした2反(20a)の水田からは23-24袋(750 kg弱)の収穫があった。宝満神社の神田は3畝(3a)弱の面積で30-40 kgの収穫量しかないことになる。単位面積当たりの収穫量でいうと、宝満神社の赤米は千石村の赤米の3分の1程度しかないことになる。品種の違いもあるが、宝満神社の赤米は無肥料・無農薬で栽培されるのに対して、千石村の赤米には施肥や病害虫の防除がおこなわれることがそうした収穫量の違いになって現れている。

　現在、茎永の宿泊施設の中には、赤米を夕食のメニューに採り入れ、そのことを宣伝しているところもある。しかし、そこには千石村からは赤米を販売してはいない。南種子町には3.4軒の赤米を栽培する農家があるので、そこから入手していると思われる。その意味で、赤米を文化資源として活用しようとする気運は千石村のみならず、町をあげての動向になりつつある。ただし、そうした米の中には、赤米のほか、黒米や青米もあり、宝満神社との関係は希薄化しつつある。

　千石村で赤米を栽培するには経費がかかる。千石村自体は農地を所有していないため、毎年借地料を払い水田を借りなくてはならない。千石村で借りている2反ほどの水田は宝満神社の所有する神田とは無関係である。また、田植えや稲刈りといった農作業にも労力が必要となる。さらに農薬や肥料代もかかる。そうした経費を収穫した赤米の売り上げから差し引かなくてはならない。今のところ会員の金銭負担はないが、赤米栽培やその他の活動にかかる労力はすべて無料奉仕である。会長が指示するまでもなく、会員が自主的に赤米栽培の作業をおこなっているとされることに、会としての強い独立心と自主性を見てとることができる。

(2) 赤米のイベント化

　1999年12月に結成された千石村では、町の強い後押しのもと、翌年の2000年10月22日に赤米をテーマとした一大イベントを主催している。これは千石村の公的側面をよく示している。そのイベントが「赤米サミット2000 in千石村」である。これは、南種子町を中心に千石村の呼びかけにより、赤米伝承地として知られる鹿児島県南種子町・岡山県総社市・長崎県対馬市の2市1町の関係者が「赤米伝承の継承」を目的に集まったものである。なお、この赤米サミットを第1回と位置づけ、その後は3自治体の持ち回りで赤米サミットを開くことになった。2012年現在もそれが続いている。

　南種子町でおこなわれた第1回赤米サミットは、イベント開催の2年前（1998年）に開館した町立博物館「たねがしま赤米館」を会場としておこなわれ、自治体関係者や住民などおよそ100名の参加者を得ている。このイベントは、町からの援助とともにハウジング・アンド・コミュニティ財団より「地域づくり活動支援助成2000」の助成を受けて実施された。

　赤米サミットは「人と物の交流を推進し、赤米を中心とした地域作りと、地域活性化を図ることを目的」（「広報みなみたね」2000年11月号）にして企画された。また、赤米サミット事業計画概要書では「地域の独自性を発揮して魅力のある地域づくりを進めることが地域の活性化につながる」とし、「日本に三か所しかない古代米の赤米が伝承され植え続けられている南種子町の茎永・総社市・対馬の豆酘の赤米伝承者が一同に集い、赤米サミットをたねがしま赤米館で行い、宝満神社の願成就祭と宝満神楽・郷土芸能の奉納・特産品フェアをセットし、人的・物的交流を図りながら、知恵と経験と魅力を出し合い、生涯にわたって安心して快適な個性豊かな生活が送れるよう『活気と潤いのある住みよい町づくり』に資する」ことを具体的な目的として掲げている。

［赤米サミット前後のスケジュール］

　2000年　4月　8日　赤米田植え

　　　　　　8月17日　第1回赤米サミット実行委員会

　　　　　　8月31日　第2回赤米サミット実行委員会

　　　　　　9月　7日　赤米収穫（豊作）

　　　　　　9月25日　第3回赤米サミット実行委員会

　　　　　10月　1日　公民館三役と赤米サミット打ち合わせ

　　　　　10月　2日　赤米サミット準備（案内状発注）

　　　　　10月18日　赤米サミット準備（資料袋詰・チラシ折込）

　　　　　10月20日　赤米サミット準備（会場設営）

　　　　　10月21日　赤米サミット歓迎前夜祭

　　　　　10月22日　赤米サミット

　　　　　10月31日　赤米サミット事後処理（礼状配布・発送）

　　　　　12月　7日　赤米サミット事後処理（総括・忘年会）

［赤米サミット当日のスケジュール］

　　　　　8:00-9:00　　　受付

　　　　　8:00-8:30　　　願成就祭

　　　　　9:00-11:00　　赤米サミット

　　　　　11:30-12:00　宝満神楽

　　　　　12:50-15:30　郷土芸能、その他

　　　　　9:00-16:00　　特産品フェア

　第1回赤米サミットでは、開会の挨拶のあと、まず3地区を代表して、千石村村長、総社市新本の國司神社総代、対馬市厳原町豆酘の多久頭魂神社宮司の3氏からそれぞれの地区における取り組みと今後の活動計画について報告されるとともに、活発な情報交換がなされた。続いて、「赤米源郷の地に大きな誇りを持ち、地域社会の

創造に向け、新しい
パートナーシップに取
り組んでいこう」とい
う赤米サミット共同宣
言が提案され、全会一
致で採択された。そし
て、その後には、学識
経験者による「魅力あ
る地域づくりの知恵」

写真3-3-4　博物館「たねがしま赤米館」

と題する講演会がおこなわれている。

　また、サミットにおいて神楽の奉納がおこなわれたことが、宝満
神楽保存会を設立するきっかけともなっている。

(3) 赤米の文化財化

　現在、赤米は博物館の展示資料としても用いられている。お田植
祭を文化財として継承発展させる目的から、中山間地域農村活性化
総合整備事業の補助を受けて、1998年に展示施設として町が作っ
たのが「たねがしま赤米館」（写真3-3-4）である。鉄筋コンクリート
平屋造りで、延床面積331㎡、うち展示室が80㎡ある。入館料は町
民はもちろんだが町外からの来訪者にも無料となっている。

　行政的にはロケット発射基地とともに観光資源のひとつとして目
されるが、地域にとっては地域文化の継承とその情報発信の場とし
て期待されている。それは立地にも表れており、宝満神社参道の鳥
居前で、お田植祭会場の裏、かつ県道（中種子・西之・島間港線）沿い
に建てられている。また広い駐車場も備えられているため、島外者
による車での来館が容易な立地にある。

　展示は、「稲の道と赤米のルーツ」「宝満神社と赤米のまつり」「種
子島の米づくり」という大きく3つのコーナー分かれている。全体

としては、宝満神社のお田植祭と南種子の赤米を中心とする展示ではあるが、広く日本各地の赤米とそれをめぐる信仰についても展示され、南種子や宝満神社を日本全体の中に相対化して捉えることができるように工夫されている。また、展示だけでなく、館のイベントとして、赤米稲刈り体験学習などもおこなわれる。

　また、宝満神社お田植祭がおこなわれる時には、そのバックアップ施設としても使用できるようになっている。たとえば、お田植祭の料理を作るまかない場として利用されたり、お田植祭当日には参観者のために駐車場やトイレが開放される。お田植祭の直会では、前年に収穫された赤米の握り飯（写真3-3-1）・煮しめ・飛魚などが振舞われることになっているが、そうした料理は宮司夫人と雇われた3人の女性が、当日13時に赤米館に集まり夕方までかけて作っている。

　さらに赤米の文化財化にとって大きなできごととして、日本遺産への登録を目指した活動がある。2015年に開催された「赤米サミット2015 in 総社」において、現在赤米を伝承する南種子町・対馬市・総社市の3自治体が共同して文化庁に認定申請をおこなうことが確認されている。

4　お田植祭の文化資源化

(1) 祭礼の文化財化—民俗文化財指定—

　宝満神社のお田植祭は、1970年に国の記録作成等の措置を講ずべき無形の民俗文化財に選択されたのを皮切りに、1972年に「宝満神社赤米お田植祭」の名称で南種子町無形民俗文化財に、1999年には「宝満神社のお田植え祭り」の名称で鹿児島県無形民俗文化財に指定されている。

　そして、現在、国指定の重要無形民俗文化財とすべく、南種子町

教育委員会のもと大学教員や地元研究者を集め調査団が組織され報告書作成が進行している。この事業は「南種子の民俗文化財調査事業」と称し、南種子町が文化庁・鹿児島県の補助を受けて、2012〜2014年度での実施を計画している。2013年度に「種子島宝満神社のお田植祭」、2014年度に、「種子島南種子の座敷舞」の記録保存調査報告書が刊行されている。

　こうした幾重にも被せられた文化財指定や公的報告書の作成により、文化財としての価値は増していったといえる。また、それと同時に、宝満神社お田植祭は文化資源としての価値を増してゆくことになり、指定作業とともに観光開発や地域おこしなど各種の利用が行政や地元有志により検討されていった。

○国の記録作成等の措置を講ずべき無形の民俗文化財
　[名　称] 種子島宝満神社のお田植祭
　[選択日] 昭和45年11月
　[保護団体] 特定せず
　[解　説]
　種子島宝満神社のお田植祭は、鹿児島県熊毛郡南種子町茎永の宝満神社に伝承されるもので、毎年4月初旬におこなわれ、古くから伝わる赤米が植えられるお田の森に隣接して、オセマチ、神田（稲庭）、舟田があり、そこで降神の儀、お苗授けの儀、お苗取り、赤米の田植、舟田のお田植舞、直会、マブリ（マビー）などの諸行事がおこなわれる。赤米の行事として、また我が国の田植祭の古い様相を伝えるものとして注目される。しかし、その一方で伝承者の多くが老齢に達しており、衰退の危機に瀕していることから早急に記録を作成する必要がある。

　　　　　　　　　　　（出典：文化庁「国指定文化財等データベース 」）

○南種子町指定無形民俗文化財

　［名　　称］種子島宝満神社のお田植祭

　［指定日］昭和47年3月30日

　［解除日］平成11年3月9日（県指定に伴う解除）

　［保護団体］宝満神社および茎永地区民

　［内　　容］

　　指定物件の内容および保存の方法は次のとおりである。

　　①お田の森、②宝満神社宮紀・縁起、③赤米 、④舟田・オセマチ、
⑤お田植歌およびお田植舞、⑥なおらい、⑦附属する九月踊、⑧保
存の方法：宝満神社お田植え祭り保存会の結成により保存する。

　　（出典：「文化財の指定について」昭和47年3月7日付町教育委員会公文書）

○鹿児島県指定無形民俗文化財

　［名　　称］宝満神社のお田植え祭り

　［指定日］平成11年3月9日

　［保護団体］宝満神社赤米お田植え祭り保存会

　［解　　説］

　　宝満神社に伝わるお田植え祭りは、神社で古くから厳しく守り伝
えられてきた赤米を伴った祭りで、苗取り、お田の森の赤米の祭
り、オセマチの赤米のお田植え、周辺のお田のお田植え、舟田での
赤米の舞、直会の順におこなわれ、お田植え祭りの古い形をよく残
している。

　　　　　　　（出典：「鹿児島県公報」平11年3月19日1455号の3）

　(2) 祭礼のイベント化―創作される神楽―

　　現在、宝満神社お田植祭には「宝満神楽」という新たな行事が付
け加えられている。「社人の舞」（本来お田植舞と言った場合これを指す）
が終わった後に奉納される宝満神社神楽保存会による神楽がそれで

ある。宝満神社神楽保存会は南種子町で開催される2000年の赤米サミットを目指して、1999年4月に結成されたものである。つまり、宝満神楽がお田植祭の行事の一つに加えられるのも2000年以降のことである。

　1999年まではお田植祭は、「社人の舞」（写真3-3-5）で終了していた。しかしそれは時間にして5分ほどでしかない。それに対し、宝満神楽は「猿田彦の舞」「事代主の舞」「ホイトウの舞」「玉依姫の舞」と演目を変えながら約30分間続く。

　また、「社人の舞」が老夫婦2人によるゆったりとした舞であるのに対して、宝満神楽は、子どもを含む大勢の人（たとえば玉依姫の舞では8名）が参加し、さらに張り子のウマも登場するなどユーモラスで娯楽性豊かなものになっている。

　宝満神楽は岡山県に伝承される国指定重要無形民俗文化財の備中神楽（1979年2月3日指定）を参考にして1999年に創作されたものである。備中神楽から宝満神楽が創出されるに至った経緯は以下の通りである。

　総社市と南種子町は日本に3か所しかない赤米の神事がおこなわれるという共通点をもっているが、そこに注目した南種子町商工会が赤米による町おこしを進めるため、いち早く赤米を用いた特産品作りを実践していた総社市へ研修に訪れたのが交流の始まりとされる。これは第1回赤米サミットが開催される前のことである。

　その後、備中神楽総社社中の神楽師が南種子町に招待され、宝満

写真3-3-5　社人の舞

神社境内で町民約600人を前に備中神楽の「猿田彦の舞」を披露することになった。そして、南種子町からの要請で、再度、総社社中の神楽師が町職員や主婦など町民有志に備中神楽を教えるために来島することになる。その時に教えられたのが、「猿田彦の舞」「事代主（ことしろぬし）の舞」「奇稲田姫（くしなだひめ）の舞」であった。そうして6日間ほど習った地元の人びとが、3ヶ月間の特訓の後、宝満神社改築記念の時に神楽を初奉納することになる。

　さらに、南種子町で開催された第1回赤米サミットの際に、南種子町でも神楽をイベントとしておこなうことになり、宝満神社改築記念の時に神楽を奉納したメンバーを中心に宝満神社神楽保存会が立ち上げられるに至った。

　そうして、宝満神社神楽保存会のメンバーが総社市まで赴き、縁のあった備中神楽総社社中に神楽づくりの指導を仰ぐことになる。こうして創作されたのが宝満神楽である。宝満神楽には、備中神楽由来の「猿田彦の舞」「事代主の舞」とともに、宝満神社の祭神（玉依姫）をモチーフにした「玉依姫の舞」や種子島にかつておこなわれた牛馬による蹄耕（ホイトウ）をモチーフにした「ホイトウの舞」が演目としてある。このうち「玉依姫の舞」は玉依姫が茎永に降り立ち宝満神社に鎮座するまでの伝説を神楽に仕立てたもので、「ホイトウの舞」と同様、宝満神楽オリジナルの演目である。

　なお、宝満神社神楽保存会では宝満神楽を、お田植祭のほか、毎年宝満神社の元旦祭にも奉納している。また、宝満神社の祭礼の

写真3-3-6　ホイトウの舞

みならず、赤米サミットや千石村秋祭りのような地域振興のための
イベントにも積極的に参加するようにしている。

(3) 伝統農法の神楽化

　宝満神社神楽保存会では、前述のごとく、1999年に宝満神楽を
創作したが、当初その演目は「玉依姫の舞」、「事代主の舞」、「猿田
彦の舞」の3つであった。2005年にはこれにさらに、イベント性を
高めることを目的に、活気のあるユーモラスな動きを取り入れた神
楽が付加された。それが、「ホイトウの舞」(写真3-3-6)である。

　ホイトウとは、ウマやウシを使った蹄耕のことである。蹄耕は複
数の牛馬を水を入れた田の中を歩かせることで、耕起と代掻きを一
緒におこなうものである。茎永においては、牛耕や馬耕がおこなわ
れるようになっても、1900年頃まではホイトウがおこなわれてい
た。ホイトウはとくに水の便が悪く日焼けをおこす田でおこなわれ
た(中村 1974・下野 1982)。

　蹄耕は赤米とともにオーストロネシア的稲作が南西諸島を北上し
てきたその名残であるとされる(渡部 1993)。そのため、神楽の演目
にホイトウと命名されたものが加えられることは、村柄(地域アイデ
ンティティー)の表象といえる。

　茎永の場合、ホイトウには普段、牧に放牧されているウマが用
いられた。カシラウマ(頭馬)と呼ぶリーダー格のウマを田に引き入
れると、自然と他のウマも付いて入る。カシラウマは人が轡をとり
誘導し、田の中を回転させるように歩かせる。ホイトウは耕起や代
掻きの意味とともに、体重の重いウマが歩き回ることで、蹄により
田の底土が強く踏みしめられる効果もあるとされる。ホイトウのと
きには、畦畔にいる人が「ヤー、ホイトー、テーホー、ホイホー、
ヤーヤー」と声を掛け、笹竹を手に持ち田から出ようとするウマを
叩いて元に戻した(中村 1974・下野 1982)。

　しかし、「ホイトウの舞」に登場するウマは、写真3-3-6にあるように、マンガ（馬鍬）を引いている。その意味で、馬耕ではあるが、けっして蹄耕（ホイトウ）ではない。田の中にウマを入れても、蹄耕のようにただ歩いているだけでは絵にならないため、神楽にはホイトウのときのかけ声は取り入れつつ、実際のウマの所作としてはマンガを引かせることで、人とウマとの駆け引きをユーモラスに描いている。

　かつて宝満神社の神田では、牛馬が使えないためホイトウはおこなわれず、タウチグワ（田打鍬）での手作業で米作りがなされてきた。それは、社人は牛馬の手綱を取ってはいけないとされたからだという。その意味においても、ホイトウの舞で描かれる耕作風景は神田には本来ふさわしくないものであった。

（4）祭礼の祝祭化―創作される祭―

　宝満神社では、旧暦9月9日（現在はその前の日曜日）に願成就祭がおこなわれている。それは豊年祭ともいい、収穫感謝の祭礼である。かつては、赤米の新米が米俵に入れられて供えられたが、現在では白米になっている。

　かつて願成就祭は、出店もでるような茎永ではもっとも盛大な祭のひとつとされた。そして、茎永の村人により奉納踊りがおこなわれていた。しかし、1990年頃からは隔年でしか奉納踊りがおこなわれなくなってしまった。奉納踊りは公民館が主体となっておこなって来たが、それが維持できなくなったためである。その結果、祭自体もかつての盛大さは失われ、出店もなくなり淋しいものとなってしまった。

　そこで、千石村では、2007年頃から、奉納踊りのない年は、「茎永千石村秋祭り」と銘打って、歌と踊りの祭典をおこなうようにした。踊りは五月会という踊りの会の人に来てもらい、子どもたちも

参加できるようにした。また、宝満神楽も披露される。

　茎永千石村秋祭りには、南種子町長、副町長、教育長、総務課長、社会教育課長などを招待することになっている。参加者は当初は茎永の住人だけであったが、徐々に上中・下中・平山といった他地区から、また南種子町外からも観客がやってくるようになり、2011年の茎永千石村秋祭りには400人(主催者側推計)近くの人が集まったとされ、かつてのにぎわいを取り戻しつつある。

　そうした祭典にかかる経費と労力はおもに千石村が負担している。音響設備などを業者に借りたり、踊り手の弁当を用意するなど、2013年現在では30万円程の経費がかかる。

　茎永千石村秋祭りは、宝満神社の願成就祭のような伝統的祭礼と対になることで、まったく新しい祭であるにもかかわらず、その存在意義がアピールされている。また、創作された祭だけに、神事にとらわれることなくイベント性の高い演出が可能となっていることも重要であろう。茎永地域だけでなく南種子町の内外からも多くの人を集めることがでいているのは、そうした祝祭の演出があってのことである。

(5) 祭礼の教材化─郷土教育との連携─

　現在おこなわれているお田植祭や赤米の稲刈りといった宝満神社の行事には、一部に郷土教育との関係を認めることができる。形式的には小中学校それ自体やＰＴＡはお田植祭には関わらないことになっているが、実質的には祭の各所で子どもが重要な役割を果たしている。たとえば、お田植祭では小中学生の男子は揃いの白い着物を着て田に入いり、赤米の苗をオセマチダともう1枚の神田に植えることになっている。また、願成就祭におても茎南小学校の高学年の児童が棒踊りを奉納することになっている。

　お田植祭の場合、祭の2週間ほど前になると、宝満神社の宮司か

ら、茎南小学校へお田植祭開催の通知がなされる。ただし、お田植祭の場合は女子が参加できないため不公平になるということと、新学期で学校が忙しいこともあり、学校は直接的な協力はしないことになっている。具体的には参加者として宝満神楽保存会の関係者や教員の子どもなどに声がかけられる。お田植祭当日の田植えにおいてオセマチに入る男子は神楽保存会関係の子どもが多いという。なお、2010年からはお田植祭に女子も参加してよいことになり、学校との関係は深まった。

　また、赤米の稲刈りにも子どもが関わっている。稲刈りの日取りは、赤米の実り具合をみて、宮司と氏子総代が相談のうえ決定する。日取りが決まると、宮司が学校と各氏子総代、南種子町教育委員会社会教育課などに電話で通知する。稲刈りには、学校校長とPTA事業部長の名前で通知を各家に出してもらい、子どもの参加を募るようにしている。ただし、稲刈りにおいても学校は子供の引率などをすることはなく、あくまで子供の募集をするのみである。お田植えと同様、稲刈りも参加は任意である。

　2011年の稲刈りでは、20人近くの生徒が参加した。こうして稲刈りに小学生が参加するようになったのは1995年からである。稲刈りをした後には、子供らに足踏脱穀機・千歯こき・こき箸といったかつて用いられた農具を使った脱穀の体験をさせる。そして、それが終わると、子どもたちには菓子と飲み物が配られ解散となる。

　こうした郷土教育との連携は、伝統文化の継承という意味において大きな意味を有し、とくに1990年代以降その重要性が強調されるようになった。とくにお田植祭に関連する行事では、男児だけでなく女児も参加できるようになったことの意義は大きい。それは子どもが祭に参加することについて教育の意識が強くなったことと関係している。そのことにより、学校は教育の一環としてお田植祭に関われるようになったといってよい。

5　村柄の表象としての文化資源化

(1) 地域アイデンティティーと文化資源

　茎永における宝満神社お田植祭の文化資源化の動きのなかで興味深いのは、大きく分けると赤米とお田植祭の2方向から文化資源化がなされていることである。そうした2方向からの資源化により、さまざまな課題にアプローチすることができるようになっていることは評価されなくてはならない。

　このとき注目すべきは、茎永の場合、宝満神社お田植祭の文化資源化の動きは、期せずして村柄の表象となっていることである。地域アイデンティティーを表象するものとして巧みに資源化されているといってよい。村柄を構成する要素がきちんと把握されているからこそ、それに対応して観光振興・地域振興・地域融和・学校教育など多岐にわたる文化資源化が可能になっている。先に指摘した2方向からの資源化が可能になったのはそうした背景があってのことである。

　このように、宝満神社のお田植祭では地域アイデンティティーとなりえるものをさまざまに発掘し、それにより多様な文化資源化を可能にしているが、そのことは祭祀へ参加する階層の多様化をもたらした。お田植祭は、かつては厳粛な祭祀として氏子のなかでも限られた人たちのものであったが、文化資源化を機に、茎永全体の祭になり、さらに南種子町の祝祭・イベントとして多くの人を集めるようになった。

　もうひとつ、神社祭祀の文化資源化が地域アイデンティティーを表象する一例をあげてみよう。お田植祭は、1937年の記録（南種子町教育委員会編 2014）では6月5日におこなわれている。それが、現在は4月3日と決められている。このように2ヶ月も早くお田植祭

がおこなわれるようになったのは、1938年に茎永にイネの早期栽培が導入されたことが主な理由と考えられる。それまでは6月に田植えがおこなわれており、そのためちょうど収穫期は台風の影響をまともに受けてしまうことが多かった。早期栽培の導入以前には平均反当が3俵 (180kg) ほどであったものが、導入後には10俵 (600kg) 以上に収穫量が増加したとされる。

　茎永では、宝満神社のお田植えが終わらないと一般の田を植えてはならないとされていたため、必然的にお田植祭も早期栽培に合わせて4月初旬になったといえる。このように、住民生活に合わせて柔軟に祭礼の日程を変えてきたことをみても、文化資源化される以前からお田植祭が地域アイデンティティーとして機能していたことがわかる。そうしたお田植祭の性格が、その時々の状況に対応した文化資源化を可能にしたといってよい。

　また、多角的な文化資源化のおかげで、何より茎永住民の多くが何らかの形で祭に参加できるようになった点は地域文化の資源化においてはもっとも重要な効果といってよい。一例を挙げると、お田植祭に参加できたのはかつては小学校の男児だけであったが、現在では女児にもその機会が与えられるようになったことは、お田植祭の教材化という文化資源化の動向をもたらした。

　民俗学では「創られた伝統」(例：ホブズボウムほか 1992) や「フェイクロア (疑似伝承)」(例：バウジンガーほか 2005) といって文化資源化の問題をマイナスで捉える傾向がある。宝満神社お田植祭の文化資源化についても、たとえば宝満神楽における「ホイトウの舞」の演出のように、それを指摘することは可能である。

　しかし、その一方で、宝満神社お田植祭の文化資源化が茎永の村柄の把握のもとにおこなわれていることを高く評価するべきであろう。ホイトウ (蹄耕) が発掘されてきたことに注目するなら、自分の暮らす村とはどのような特徴があるのか、そうしたことをきちんと

把握するきっかけとして、宝満神社お田植祭の文化資源化は機能したことになる。

(2)「創られた伝統」論を超えて

　もう一つ注目すべきは、宝満神社お田植祭は文化資源化される過程において一部に創作された部分があること、しかもそれを広く公表していることである。一例として、1999年に創作され、後にお田植祭の行事の一部に繰り入れらるようになった宝満神楽についてみてみる。

　宝満神楽は、赤米を通じて自治体同士の関係が深まる岡山県総社市との交流を象徴する。そのため南種子町では、宝満神楽は総社社中の指導のもと備中神楽を手本にして創作されたものであることが、むしろ積極的に語られている。宝満神楽が上演されるときには、南種子町の広報誌やイベントの開催ちらしにはたいていの場合そのことが明示されており、むしろ創作されたこと自体が魅力の一つとして資源化されている。

　一般的にいって、文化資源化の動きのなかには、「創られた伝統」であるとか「フェイクロア（疑似伝承）」といった批判をかわすために、文化資源化に際して創作されたり改変されたりしたことを隠蔽する傾向がある。商業者や行政が主導する文化資源化にそうしたことが多々見受けられる。

　それに対して、宝満神社お田植祭の文化資源化の場合は、そうした意識はほとんどみられない。それは、資源化が多岐にわたるためその主体者は多様で、かつ中心的役割を担う千石村は住民が主体的に活動するグループであるためだと考えられる。たしかに財政面においては行政は無視できない役割を担っているし、その意味では行政主導の部分もないとはいえないが、結果として宝満神社お田植祭に関しては文化資源化に伴う創作を隠蔽するという意識は低かった

といえる。

　この点は、宝満神社お田植祭がたんに文化資源化されたことにとどまらず、祭祀自体が新たなステージへと進化したことを示すものである。

　これまで、祭祀は古くからのものをどれだけ多く残し伝えているかで文化財としての価値が認定されたり、そうしたことを売りにして文化資源化されることがほとんどであった。しかし、考えてみると、祭祀といえどもその時代状況を反映しながら緩やかではあるが変化しつつ現在に至っている。つまり、遡るべき祖型など本来は存在しない。少なくとも、文化資源化の対象になるような祭祀の原形など見いだしようもない。とくに地域社会に強く結びついた宝満神社のような氏神社では、その時々の住民生活を反映して、祭祀はその形態を変えてきたといってよい。先に示した宝満神社お田植祭の開催時期の変化などはそのよい例である。

　それを無理やりにありもしない古態や祖型に押し込めようとするから先のような批判がなされるのであって、創作を認めてしまうことは文化資源化にとってけっしてマイナスではない。そのことを宝満神社のお田植祭は教えてくれるのである。

　そう考えるなら、文化資源化を契機にした変化は、時代状況に合わせて起こったことであるといってよく、それはまさに祭礼そのものの進化である。それはたとえ創作されたものが付加されようが、守られるべき古態などない以上、マイナスに捉えられるものではない。

引用参考文献

・エリック・ホブズボウム 、テレンス・レンジャー編　1992　『創られた伝統』（翻訳：前川啓治、梶原景昭）紀伊國屋書店
・鹿児島県　1999　「鹿児島県公報」平成11年3月19日第1455号の3

・川崎晃稔　1990　「宇都浦の記　昭和十二年　大崎蘇市氏の日記」『鹿児島民具』9号
・下野敏見　1982　『種子島の民俗Ⅰ』法政大学出版局
・中村義彦ほか編　1974　『茎永郷土誌』茎永公民館
・ヘルマン・バウジンガー、河野真　2005　『科学技術世界のなかの民俗文化』文楫堂
・南種子町　2000　「広報みなみたね」2000年11月号
・南種子町教育委員会　1972　「文化財の指定について」昭和47年3月7日付 公文書
・南種子町教育委員会編　2014　『種子島宝満神社のお田植祭―南種子町民俗資料調査報告書3―』南種子町教育委員会
・渡部忠世　1993　「宝満神社の赤米と踏耕」『稲の大地』小学館

引用参考ホームページ
・文化庁「国指定文化財等データベース」　online：https://kunishitei.bunka.go.jp/bsys/maindetails.asp　　2013.10.28

あとがき

　現代を生きる人びとにとって農はどのような意味を持つのか。この問に答えるべく、民俗学の手法を用いることで、生活者の目線に立ち、文化資源化を切り口にしてさまざまに考察してきた。そのとき、構成上、便宜的とはいえ、都市と農村という2つの視点から考察を進め、本書をまとめてみた。

　しかし、結果的に、現代においては、農に関して都市と農村を隔てる垣根は低くなり、また両者は相互浸透的に交流し融合しつつあること、さらには都市と農村という枠組み自体が意味をなさなくなることが明らかとなった。そうしたことは文化資源化に注目したからこそより鮮明になったといってよい。

　そして、本書をまとめる過程において、もう一つ明らかになったことがある。それはむしろ筆者自身の自覚の問題といってよいことだが、民俗学でいうところの調査者と被調査者との関係についてである。

　従来、民俗学における農の研究は、都会に住む調査者が農村に出かけて行き、そこで古老とされる農業者にインタビューをおこなうのが一般的な調査スタイルであった。そうしたとき当然のように、調査者と被調査者とは対照的関係に位置づけられてしまう。つまり、「調査するもの」と「調査されるもの」であり、そこに含意されることとして、都市生活者と農村生活者、研究者と古老、調査者と伝承者、など両者にはさまざまな位相差が意識されることになる。そうした価値基準を異にする社会的関係性の中で、これまでの民俗学は生業や技術に関する膨大な民俗データを集積してきたといってよい。

　そこには、上記のような調査者と被調査者との位相差が大きければ大きいほど、より多くの質の高いデータが得られるという思いが所与の前提としてある。そのため、民俗調査は、都市からより遠くにあって隔絶した、だからこそ古い伝承が残る（とされる）辺境地へ関心が向けられることになる。1972年の返還後、民俗学者のあいだでおきた沖縄ブームはまさにそうしてもたらされた現象であった。

　しかし、現代の農についてはそれとはまったく異なった研究のスタイルが必要とされる。つまり、これまで民俗学がおこなってきたような調査者と被調査者とを截然と分けるスタイルの調査が成り立たないことに気づかされた。現代における農の主体は先に挙げた対照的な関係性を超越してしまい、「調査するもの」と「調査されるもの」という関係性も曖昧にしてしまう。実のところ、本書（I-2・3章）で取り上げた市民農園では、筆者も一市民として一画を借りて農をおこなっていた。そうしてはじめて成立した調査であったし、本書で記述したことは、入園者として農園を耕し作物を栽培するなかで出会った人とのまさに田園コミュニケーションがもととなっている。

　つまるところ、農の文化資源化の動きの中では、研究者（調査者）と研究対象（被調査者）という区別は曖昧になりつつある。研究者であり調査者は文化資源化の中にあってはときに当事者や関係者となってしまうからである。民俗学の場合、純粋に観察や研究に徹することなど現代社会においてはもはや不可能なことであるといってよい。否が応でも研究者は文化資源化の流れに巻き込まれてしまうし、むしろそれが現代においては求められる調査者の姿といってもよい。その意味で、現代を生きる研究者はその立場の違い（位相差）に安住してはならないし、また自分自身が調査対象化されることをしっかりと自覚しておかなくてはならない。

本書で取り上げたことはほとんどすべて民俗調査により個人から
うかがったことである。ときにそれは調査者と被調査者という関係
を超えたものであった。本書において概括的な記述のように見える
ところでも、その背景には個人からの聞き取りデータがある。なか
でも、市民農園で出会った人たちへの聞き取り調査は印象に深く、
本書をまとめるきっかけになったといっても過言ではない。都市と
農村を問わず、こうした聞き取り調査に対応していただいた多くの
方にあらためて感謝申し上げたい。

　本書は、公益財団法人横浜学術教育振興財団の2019年度出版刊
行助成を受けて出版したものである。

　出版助成に応募するにあたり、推薦状をお書きいただいた常光徹
氏には感謝申し上げる。氏には国立歴史民俗博物館在職中に知己を
得て以来、さまざまにご指導いただいている。

◇

［初出一覧］
Ⅰ-1章　原題「田園憧憬と農」(『都市の暮らしの民俗学1』吉川弘文
館、2006) を改稿
Ⅰ-2章　原題「もうひとつの農の風景」(『現代民俗誌の地平1』朝倉書
店、2003) を改稿
Ⅰ-3章・Ⅱ-1章・Ⅲ-1章　原題「農のあるくらし」(『日本の民俗4』吉
川弘文館、2009) を分割し構成を改めたうえ、それぞれ大幅に加筆し
改稿
Ⅱ-2章　原題「くらしと食農」(『日本の民俗4』吉川弘文館、2009) を大
幅に改稿
Ⅲ-2章　原題「生業と近代化」(『環境の日本史5』吉川弘文館、2013) を
大幅に改稿

Ⅲ-3章　原題「近年の文化資源化をめぐって」(『南種子町民俗資料調査報告書3』南種子町教育委員会、2014) を構成を改め大幅に改稿

　そして、最後になってしまったが、本書の出版にご理解をいただいた慶友社、そしてその便宜をおはかりいただいた伊藤ゆり社長、また本書の編集担当として、出版助成への応募段階からさまざまにアドバイスいただいた小林基裕氏に、あらためて感謝申し上げなくてはならない。

　思いのほか原稿の修正に手間取ってしまったため、本書の入稿や校正返しは遅れることになり、編集者の小林基裕氏にはその分よけいな手間をお掛けしてしまった。こうして本書が日の目を見たのは、小林氏の適切なアドバイスがあってのことである。

索　引

※太数字は、見出し語

地名編

著者略歴

安室　知（やすむろ　さとる）

1959年、東京都生まれ。

筑波大学大学院環境科学研究科修了。博士(文学)。

長野市立博物館・学芸員、横須賀市自然人文博物館・学芸員、熊本大学文学部・助教授、国立歴史民俗博物館・教授、総合研究大学院大学・教授を経て、現在は神奈川大学大学院歴史民俗資料学研究科・教授および日本常民文化研究所・所員。

専門は、民俗学（生業論・環境論）、物質文化論。

主要な著作

『水田をめぐる民俗学的研究』（1998年）、『餅と日本人』（1999年）、『水田漁撈の研究』（2005年）、『日本民俗生業論』（2012年）、『田んぼの不思議』（2014年）、『自然観の民俗学』（2016年）、『環境史研究の課題』（編著、2004年）、『日本の民俗　全13巻』（企画編集、2008-2009年）など。

都市と農の民俗
—農の文化資源化をめぐって—

二〇二〇年二月七日　第一刷発行

著　者　　安室　知

発行者　　慶友社

〒一〇一-〇〇五一
東京都千代田区神田神保町二-四八
電　話〇三-三二六一-一三六一
FAX〇三-三二六一-一三六九
組　版＝ぷりんてぃあ第二
印刷・製本＝㈱エーヴィスシステムズ

ⒸSatoru Yasumuro 2019. Printed in Japan
ⒸISBN978-4-87449-097-6　C1039